# 沿海山区边坡防治新技术及实践

王华俊　姚文杰　卿翠贵　董理金　著

中国建筑工业出版社

**图书在版编目（CIP）数据**

沿海山区边坡防治新技术及实践／王华俊等著．

北京：中国建筑工业出版社，2025.6．-- ISBN 978-7
-112-31260-3

Ⅰ. TD854

中国国家版本馆 CIP 数据核字第 20252DY711 号

　　本书针对边坡防治工作中遇到的技术难题，以现状需求为契机，以解决实际问题为导向，开展了一系列技术研发工作，形成了紧贴生产实际的边坡防治关键技术。边坡勘察方面包括边坡破碎松散地层取芯技术、磁流体和地质雷达联合探测边坡地下水技术、岛礁水下岸坡多波束探测技术；边坡防护措施方面包括富水边坡低碳排水技术、高陡边坡智能化喷灌养护技术、硬质刚性支护结构边坡免养护生境构建技术、有限空间复杂地层边坡支挡技术；边坡监测方面包括建立智慧防灾信息系统，并开展基于时间序列滑坡动态预测。以上技术在工程项目中得到成功实践，效果良好。

　　本书可供边坡工程领域研究人员、勘察、设计和施工技术人员等参考使用。

责任编辑：徐仲莉　王砾瑶
责任校对：张惠雯

# 沿海山区边坡防治新技术及实践

王华俊　姚文杰　卿翠贵　董理金　著

\*

中国建筑工业出版社出版、发行（北京海淀三里河路9号）

各地新华书店、建筑书店经销

北京建筑工业印刷有限公司制版

建工社（河北）印刷有限公司印刷

\*

开本：787毫米×1092毫米　1/16　印张：10¾　字数：236千字

2025年6月第一版　　2025年6月第一次印刷

定价：**68.00**元

ISBN 978-7-112-31260-3

（44865）

# 《沿海山区边坡防治新技术及实践》
# 编 写 委 员 会

著 作 者：王华俊　姚文杰　卿翠贵　董理金

其他著作者：（以下按姓氏笔画排序）

王绍亮　卞士海　张立勇　杨　成　周　涛

常金源　蔡国成　管仁秋

# 前　言

东南沿海作为中国经济最具活力、开放程度最高、创新能力最强的区域之一，是我国社会经济发展的重要区域，在全国具有重要的战略地位。但由于多为山地丘陵地区，地形地貌和地质环境复杂，经济高速发展与用地限制的矛盾始终突出。随着经济建设主要区域从平原向山地丘陵转移，工程建设形成了数量庞大的边坡工程，若不能妥善处置，将对经济的可持续发展、人民生命财产安全产生重要的影响。

以浙江省为例，受海洋和东南亚季风影响，浙江省是我国受台风、暴雨、干旱等气象灾害严重影响的地区之一，外动力地质作用强烈，加之复杂的地层岩性和强烈的先期地质构造作用，边坡工程建设面临复杂多变的地质环境条件，依靠传统单一的地质勘察技术已难以满足日益增长的安全建设要求。

作为"绿水青山就是金山银山"科学论断的发源地，以前粗放式的工程建设已不再满足经济社会发展的需求，低碳环保的生态防护方式逐渐成为共识而被广泛接受，探索绿色防治新技术新方法新理念成为客观要求。为了深刻践行"两山"理论，在满足安全性要求的基础上开展生态防护相关的研究和应用工作，探索边坡工程生态防护新路径变得尤为迫切。

此外，对边坡采用人工监测手段，存在精度不高、环境恶劣、数据时效性及稳定性差、工作量大等不足。随着科技的快速发展，自动化监测在各个领域得到广泛应用，为提高边坡灾害监测预警与防控水平，利用高科技手段推进边坡灾害自动化监测预警工作成为当务之急。

目前，边坡防治工作正朝着勘察手段多元化、防护措施生态化、监测方式智能化的新模式发展。本书共分为 8 章，分别对边坡勘察、安全防护及自动化监测三方面开展的技术攻关与工程应用进行了详细介绍，总结了当前边坡防治方面的一些新技术和实践经验，可供读者借鉴。

限于作者水平有限，书中难免存在不足之处，恳请读者批评指正。

作者
2025 年 3 月

# 目　　录

# 第1章 绪 论

## 1.1 背景及现状

东南沿海作为中国经济最具活力、开放程度最高、创新能力最强的区域之一，是我国社会经济发展的重要区域，在全国具有重要的战略地位。东南沿海地区地处欧亚大陆板块前缘，地质构造复杂，西北高东南低，地形以平原和丘陵为主，丘陵山地面积大，约占全区总面积的 85%。

东南沿海地区也是一个较为脆弱的地质单元，边坡灾害具有点多、面广、规模小、危害大，以及受人类活动和降雨影响大的特点，主要原因为东南沿海地区经济高速发展、人口密集、土地资源有限，城镇村庄、工业园区或线路工程等向山区开发延伸，形成大量的人工开挖边坡或毗邻的自然斜坡，若不能妥善处置，一旦失稳破坏，即使是小型或局部灾害也能造成重大的人身伤亡和财产损失。

东南沿海的区位优势给浙江省的发展注入了强劲动能，同时也给边坡工程建设带来了巨大挑战。受海洋和东南亚季风影响，相比其他内陆地区，浙江省是我国受台风、暴雨、干旱等气象灾害严重影响的地区之一，同时浙江省的地形以切割破碎的丘陵山地为主要特色，地势由西南向东北呈阶梯状倾斜，地形复杂，地貌形态多样，山高坡陡，素有"七山一水二分田"的说法，外动力地质作用强烈，复杂的地层岩性和强烈的先期地质构造作用，使得边坡工程建设面临复杂多变的地质环境条件，主要表现如下：① 风化和构造地质作用形成的破碎岩体增加了边坡工程稳定性判定难度；② 强烈的表层风化作用形成了厚层的松散破碎岩土层和分布广泛的高陡危岩体结构；③ 丰富的降水导致边坡地下水位长期处于高位而影响其稳定性；④ 强烈的海流作用极易对海域岸坡造成淘蚀而影响临海建构筑物的安全等。面临如此复杂多样的问题，依靠传统单一的地质勘察技术已难以满足日益增长的安全建设要求，需要采取精细化的综合勘察技术以充分查明边坡工程的工程地质背景。

与此同时，作为"绿水青山就是金山银山"科学论断的发源地，浙江省对生态环境的要求正在逐年提高，以前粗放式的工程建设已不再满足经济社会发展的需求。在早期经济高速发展时期，由于经费、技术以及设计理念等多方面的原因，形成了一大批以喷锚、护面墙、喷浆、肋板墙、挡墙为代表的硬质刚性支护结构工程边坡。这部分坡面防护结构在解决了安全问题之后，也造成了以混凝土的硬质、灰色坡面为代表的"白山""裸山"，与"绿水青山"格格不入。为了深刻践行"两山"理论科学论断，在满足安全性要求的基础上开展与生态防护相关的研究和应用工作变得尤为迫切，这就要求边坡工程建设要从以下两方面着手。一方面，防护措施要智能化、低碳化，满足采用绿色能源、降碳减排的要求；另一方面，防护技术要景观化、生态化，满足生态文明建设的要求。通过探索边坡工程生态防护新路径，为逐步实现全方位、立体化的生态文明建设新格局提供技术支持。

此外，东南沿海地区地质灾害易发频发，以浙江省为例，"十三五"期间共发生地质灾害1096起，造成48人死亡或失踪，直接经济损失2.29亿元。对边坡灾害实施监测可以及时发现问题，提前预判边坡的稳定状况并发出预警，然后采取相应的措施，有效地降低或避免地质灾害的影响。以往采用人工监测，存在精度不高、工作环境恶劣、数据稳定性及时效性差、工作量大等缺点，已满足不了新时代边坡灾害防治的要求。随着云计算、物联网、大数据、人工智能等现代科学技术的快速发展，自动化监测在各个领域得到了广泛应用，通过建立边坡自动化监测系统，提高边坡灾害监测预警与防控水平，成为当务之急。

## 1.2 面临的挑战

总体来说，勘察手段多元化、防护措施生态化、监测智能化已经成为现阶段边坡防治工作的客观要求，但通过深入的调研分析可知，要满足以上三点客观要求仍面临诸多问题和困难。

**1. 边坡勘察方面**

（1）很多边坡的软弱层是结构性质较差的松散地层，针对边坡松散地层，面临取样难、取芯率低等问题，对边坡失稳机理分析、稳定性判断、动态预测等存在诸多不利影响；

（2）地下水是影响边坡稳定的重要因素之一，目前传统的地下水探测手段较单一，尤其是复杂地质条件下，地下水探测往往存在探测难度大、探测精准度不高、探测效率低等问题；

（3）随着社会经济的快速发展，人类工程建设活动逐渐向海洋、水下延伸，衍生出海域岛礁水下岸坡的特殊类型，海域岛礁的特殊环境给水下岸坡的监测造成极大困难，传统的方法存在作业风险大、效率低下、检测范围小等弊端，已无法适应该类水下岸坡的监测作业。

**2. 边坡防护措施方面**

（1）"治坡先治水"，传统的边坡排水方法以重力自流为主，无法适应富水边坡主动排水的需求，而现有的抽排水技术，难以在取电困难的边坡工程中得到应用；以往仰斜式排水孔在布置初期排水效果较好，经过一段时间后，经常遇到排水孔堵塞，出水量变小，使

得地下水积载在坡体内;

（2）目前高陡边坡绿化养护喷灌时，传统人工方法费时费力、作业安全风险高，且绿化养护灌溉系统智能化程度不足、设计方法较为粗放，此类高陡边坡大面积坡面绿化工程养护已成为一大难题，传统的绿化喷灌方式难以满足此类高陡边坡绿化工程的实际需求;

（3）新时代，边坡治理不仅需要满足安全要求，还要综合考虑生态保护修复等问题，绿色防治新理念、新技术的开发及应用有待加强，特别是硬质刚性支护结构边坡的生境构建方面，存在诸多技术难点，成为边坡生态防护的痛点和难点;

（4）在山地斜坡上进行工程建设，由于开挖形成大型边坡，受限于场地平面布置，采用传统抗滑桩时，经济性差且安全度低;

（5）紧邻已有建（构）筑物的新建项目，场地高差形成的边坡需进行支挡来保护新旧建（构）筑物。在有限空间范围内支挡结构的选取往往面临安全、经济性差，对周边环境扰动大等痛点。

**3. 监测方面**

（1）传统监测主要是人工监测，通过到现场测量和数据采集，其工作量大、人工成本高、费时费力，受人为、天气、地形等因素的影响，导致数据采集率低、测量精确度降低，获得的前后数据连续性差，数据稳定性难以保证;恶劣天气危及测量人员的安全。人工监测及时性、有效性大打折扣，很难适应现代化监测工作的需要。

（2）在滑坡灾害点上布置变形、地下水位监测点进行监测获取相应数据，现阶段只做到了掌握过去的特征，分析监测点动态变化规律，而对滑坡变形等预测分析工作做得相对较少。由于滑坡灾害的复杂性，地下水位、变形预测还是一个世界性的技术难题，如何准确地预测并事先对滑坡灾害做出预警，有着非同一般的重要意义和实用价值。

# 1.3 关键技术

针对以上边坡防治工作中存在的技术问题和现实需求，本次研究内容从边坡工程勘察、防护措施与监测入手，系统地开展了防治技术攻关与工程应用研究，取得如下关键新技术:

**1. 勘察技术及应用**

（1）针对边坡松散地层复杂条件，通过在钻具中增加冷源控制机构，配置冷源控制机构，研发基于冰冻原理的松散地层高保真取样钻具结构，采用原位高保真取芯工艺技术，提出了综合性解决方案。

（2）针对常规钻探技术具有成本高、周期长、对场地要求高的局限性，提出磁流体联合地质雷达综合应用于边坡地下水患探测，为边坡地下水害隐患探测提供了一种行之有效且操作简便的新方法。

（3）针对海域岛礁水下岸坡坡面探测难题，开创性地采用多波束测深技术，实现了水下岸坡海蚀空腔隐患的精准探测。

## 2. 安全生态防护新技术及应用

（1）研发了一种边坡排水自动化控制技术，可应用于取电困难边坡的排水治理，实现了富水边坡主动排水功能。

（2）研发了一种双管可拆卸式仰斜排水技术，应用于坡体排水，排水能力、抗堵塞能力明显改善，提高了排水设施的耐久性。

（3）研发了一种高陡边坡智能化喷灌养护系统，该系统适用于规模大、高度大（可达100m以上）、坡度陡（往往大于45°）的高陡岩质边坡，具有喷灌效果好、节水节能、自动化程度高的特点，减少了作业风险及养护成本。

（4）研发了硬质刚性支护结构边坡免养护生境构建技术，该技术适用喷锚、护面墙等既有坡面防护工程，解决了困难立地边坡生态恢复难题，达到长期稳定效果。

（5）提出了一种大型边坡 h 型抗滑桩技术，该技术运用于滑坡推力大的边坡（滑坡）中，由于其平面钢架结构的优越性，有着更好的变形承载能力，能够有效地控制滑坡安全隐患。

（6）提出了一种微扰动桩基托梁挡墙处治技术，在邻近建（构）筑物的有限空间作业时，能较好地实现微扰动、施工便捷、承载力高。

## 3. 自动化监测技术及应用

（1）研发了一套智慧防灾信息系统，实现地质灾害调查成果与监测系统集成展示、地质灾害监测三维动态展示效果。

（2）开展了基于时间序列的滑坡地下水位预测分析和基于降雨量变化的滑坡变形时间序列分析，这两种方法的预测变化趋势与实际变化趋势基本保持一致，预测结果较为准确。

以上研究工作紧贴东南沿海地区边坡防治工作实际，为边坡工程建设提供了相对完整的解决方案，对于提高边坡防治水平具有一定的实际意义和工程应用价值。

# 第2章 边坡破碎松散地层取芯技术

钻探取芯作为勘察的基本手段之一，能够简便直观地揭示深部地层情况，其成果具有资料真实、可靠的特点，是边坡稳定性分析、边坡防治方案确定及后期治理施工的重要依据。本章针对山区松散地层钻探取芯困难的痛点，聚焦于以下方面。

（1）基于冷冻原理，研发一种针对松散地层冷冻取芯钻具，代替传统岩芯管段，在钻进结束后，可以通过到位启动控制系统实现岩芯底端局部地层的冷冻，通过提钻卡断实现松散地层高保真取芯。

（2）采用"SDB半合管钻具＋植物胶冲洗液"钻进工艺，解决了松散及基岩破碎层原位高保真取芯问题，为边坡松散地层的钻探取芯提供了新方法、新思路。

## 2.1 松散地层钻探取芯难点

对于山区建设的边坡工程，其稳定性往往由断层、破碎带等关键层段控制，而这些层段受构造作用又往往呈松散破碎状态，具有结构性差、岩土强度低、胶结性差等特点。如采用常规的钻探手段，存在以下问题。

（1）钻探质量差、取芯困难，取芯效果不理想，降低了边坡的勘察质量；

（2）勘察成果易导致地层误判，直接影响边坡工程设计和施工过程的安全。

## 2.2 松散地层取芯勘探复杂性分析

勘察过程中，遇到松散地层时，往往面临取芯难度大、地层判断困难等问题，造成以上结果的主要原因如下：

（1）地层胶结物强度低，岩芯不易成形，难以进入取芯工具；

（2）当岩芯胶结物具有较强水敏性时，在水基钻井液冲蚀下，岩芯承载能力降低，易坍塌破碎，造成堵芯、磨芯现象，影响取芯技术指标；

（3）在胶结松散、不均质含砾砂砾岩取芯过程中，钻具回转产生离心力和水平振动，岩芯受到影响易造成岩芯断裂、破碎；

（4）岩芯的出筒过程中，由于岩芯柱受力状态发生变化，岩芯易坍塌破碎，岩芯成形率低，无法选样。

## 2.3 基于冰冻原理的松散地层高保真取芯钻具研究

本项目基于冷冻原理，提出一种针对松散地层冷冻取样钻具（又称冰阀式取芯钻具）新思路，代替传统岩芯管段，在钻进结束后，可以通过到位启动控制系统实现岩芯底端局部地层的冷冻，通过提钻卡断实现松散地层高保真取芯。初步结构如图 2-1 所示，其主要由冷冻启动机构、冷源、冷源控制机构、岩芯管、换热冷冻机构组成。初步拟定的冷冻启动机构采用地面投球方式实现，通过从地面投掷金属球对相应阀体进行控制，从而实现利用钻井液压力使活塞机构产生滑动动作，实现对冷源控制机构的开启。冷源控制机构开启后，即可使冷源内制冷剂从相应保温管道流入换热冷冻机构中，实现对换热冷冻机构中心内的岩芯进行冷冻，从而实现将松散岩芯封闭在岩芯管内。

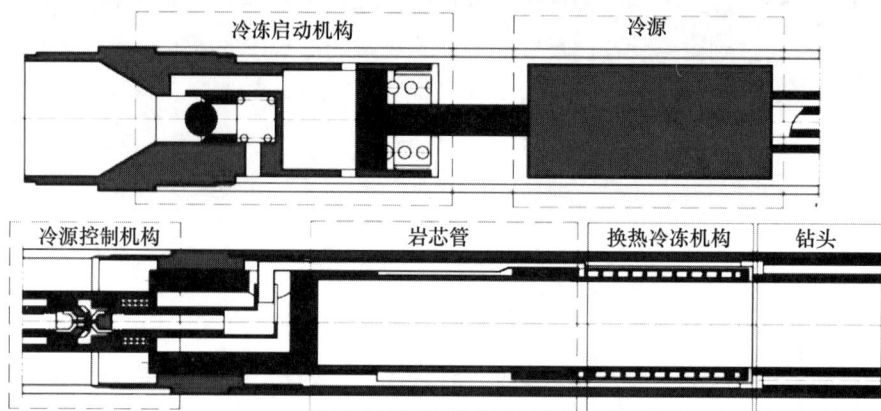

**图 2-1 冷冻取样器初步结构**

根据此思路，细化机械结构设计，形成松散地层冷冻取样钻具结构，如图 2-2 所示。

工作原理：当取样装置工作时，安装管 1 和钻头 2 旋转并钻入地面内，同时岩芯沿着钻头 2 进入岩芯管 4 内，储存在岩芯管 4 内。与此同时，冲洗液流经水流通道 11 和排水流道 21，并沿着安装管 1 与钻孔孔壁之间的缝隙回流至地面。随后采用抛掷抛球 83 实现冲洗液流向的自动切换，并控制冷源 51 滑移并开启，随后冷源 51 释放液氮，并对岩芯管 4 靠近钻头 2 的一端制冷，同时将松散的岩芯冷冻封闭在岩芯管 4 内，保证岩芯的稳定取出。

该发明实现了以下技术效果：① 通过增设冷冻机构对岩芯管内的岩芯进行冷冻，将松散的岩芯封闭在岩芯管内，避免提钻取芯过程中岩芯出现掉落，提高松散底层的取芯率；② 通过结构简洁，并采用液氮作为冷源的冷冻原材料，实现岩芯管内岩芯的高效冷却和快速冷却，进而实现取样装置的快速取样；③ 通过设置高自动化的驱动机构和控制机构，实现冷源的自动启闭控制以及液氮的自动排放，从而实现岩芯管内岩芯的全自动冷却和高效冷却；④ 通过设置高自动化的开关阀，实现冷冻管的自动启闭控制，即实现液氮的自动排放以及岩芯管内岩芯的自动冷冻；⑤ 通过设置结构巧妙的切换机构，实现第一进水通道和第二进水通道自由切换的稳定控制，即实现冷源的稳定启闭控制。

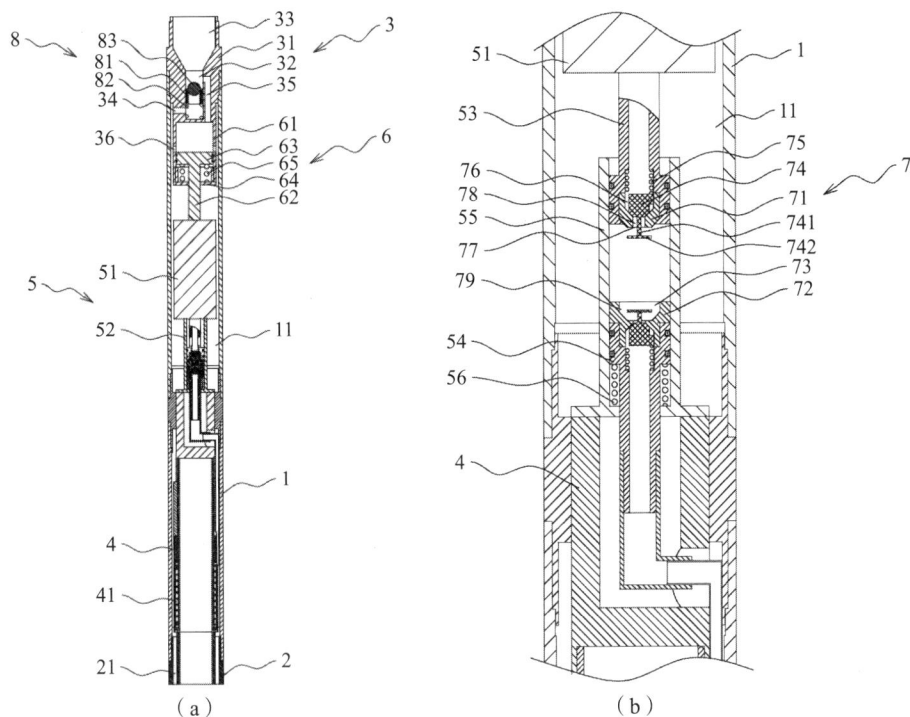

**图 2-2　松散地层冷冻取样钻具**

（a）冷冻结构剖面；（b）开关阀局部剖面

1—安装管；11—水流通道；2—钻头；21—排水流道；3—冲洗液入口通道；31—座体；32—进水口；
33—进水通道；34—第一进水通道；35—第二进水通道；36—溢流孔；4—岩芯管；41—冷冻流道；
5—冷冻机构；51—冷源；52—冷冻管；53—第一管体；54—第二管体；55—滑动管；56—减振弹簧；
6—驱动机构；61—驱动管；62—驱动杆；63—驱动板；64—内缘；65—回复弹簧；7—开关阀；71—阀体；
72—阀座；73—凹槽；74—阀芯；741—顶针；742—阀板；75—复位弹簧；76—第一连接通道；77—阀孔；
78—第二连接通道；79—连接间隙；8—切换机构；81—切换管；82—助推弹簧；83—抛球

# 2.4　SDB 钻具＋植物胶钻探工艺试验与应用

本项目从钻进工艺、护壁、钻机设备、泥浆性能等方面及地区实际情况综合考虑，采用了原位高保真取芯工艺技术——SDB 半合管钻具＋植物胶冲洗液钻进工艺，并针对实际地层，通过多次场地试验与工艺参数调试提出综合性解决方案，解决松散及基岩破碎层原位高保真取芯问题。

## 2.4.1　工程案例

2021 年 7 月，受台风暴雨天气影响，溪口镇董溪二村小麦田头一带山体出现整体滑坡迹象（图 2-3）。小麦田头滑坡为牵引式中层滑坡，滑坡方量约为 150 万 $m^3$，按体积划分为大型滑坡。该滑坡后缘以斜坡中上部陡缓交界处的公路（浒溪线）外侧为界，前缘以四明桥水库为界，东、西侧以陡缓交界的地形为界，后缘高程273.3m，前缘高程160m，相对高差113.3m。

图2-3　小麦田头滑坡全景

　　滑坡上方有国道（浒溪线）通过，下方为四明桥水库。若发生整体滑坡，将导致浒溪线路基失稳，严重威胁道路及通行人员安全，危及四明桥水库坝体安全，并对下游姚家村、董溪一村、董溪二村的居民安全构成威胁。故需对该滑坡进行勘察工作，以查明滑坡区域地质环境条件及滑坡发生机理，为下一步工作提供地质依据。该滑坡为松散层滑坡，滑体最大厚度可达28m以上。采用常规的钻探手段岩芯易坍塌破碎，岩芯成形率低，难以取得理想的效果（图2-4）。

图2-4　常规钻探岩芯照片

## 2.4.2　试验方案

### 1. 设备选择

根据地层情况及钻孔深度和地质要求结合现场踏勘情况，钻探主要设备（图 2-5）选择情况为：XY-200 型工程钻机，BW160/10 型卧式三缸活塞泥浆泵，自制钻井液搅拌桶，自制钻井液搅拌机，7m 钢管三角塔；钻具选用 SDB 系列钻具，以及相应的附属设备。

（a）　　　　　　　　　　　　　　　　（b）

（c）　　　　　　　　　　　　　　　　（d）

图 2-5　主要设备

（a）XY-200 型工程钻机；（b）BW160 型泥浆泵；（c）自制钻井液搅拌桶；（d）SDB 金刚石钻具

SDB 钻具的结构包括导向除砂打捞机构、单向阀机构、双级单动机构、内管机构和外管机构五大部分（图 2-6）。

### 2. 钻头选择

钻头（图 2-7）对岩层的适应性是影响取芯质量和钻进速度的重要因素。本次试验钻头选择的原则是：首先确保钻头的钻进速度，因为有效钻进是现场工作的基础，其次是考虑钻头的使用寿命，以尽可能地降低成本。根据经验，本次松散岩层粉土、粉砂层采用金刚石钻进，砂砾石层采用金刚石或复合片进行钻进，破碎基岩层采用金刚石或复合片进行钻进。采用合金肋骨钻头或合金钻头进行扩孔及清除沉渣工作。

金刚石钻头参数为：金刚石目数为 60～80 目；金刚石浓度 100%；金刚石品级为优质级；胎体硬度（HRC）30～40 或 15～20。

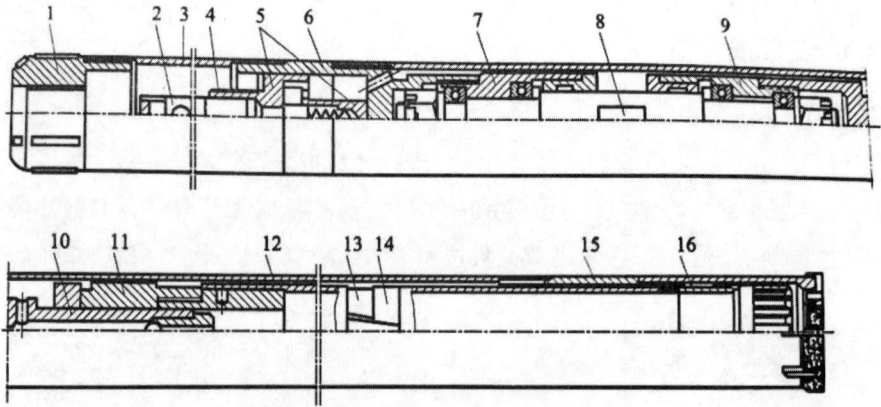

图 2-6　SDB 钻具结构

1—异径接头；2—除砂机构；3—沉砂管；4—打捞头；5—单向阀；6—外管接头；7、9—上、下单动接头；
8—轴；10—调节轴；11—内管接头；12—外管；13—半合管环槽；14—钩头抱箍；15—连接管；16—定中

（a）　　　　　　　　　　（b）　　　　　　　　　　（c）

图 2-7　钻头

（a）金刚石钻头；（b）多水口金刚石钻头；（c）PDC 钻头

### 3. 钻进参数

根据经验，在使用 SDB 钻具钻进砂土、砂砾石和破碎基岩层时，一般钻进按照"一高二小"的三要素操作，即"高转速，小泵量，小压力"，才能取得好的取芯效果，具体钻进参数见表 2-1。

砂土层、砂砾石层和破碎基岩层钻进参数　　　　　　　表 2-1

| 地层 | 钻头 | 孔径（mm） | 钻压（kN） | 转速（r/min） | 泵量（L/min） | 泵压（MPa） |
|---|---|---|---|---|---|---|
| 砂土层 | 金刚石 | SDB110 | 5～7 | 500 | 15～20 | 1.50 |
| 砂砾石层 | 金刚石 | SDB110 | 6～8 | 500～600 | 30～40 | ＜0.5 |
| | 金刚石 | SDB94 | 5～7 | 600～800 | 15～30 | ＜0.5 |
| | PDC | SDB110 | 0～5 | 500 | 10～15 | ＜0.5 |

| 地层 | 钻头 | 孔径（mm） | 钻压（kN） | 转速（r/min） | 泵量（L/min） | 泵压（MPa） |
|---|---|---|---|---|---|---|
| | 金刚石 | SDB110 | 6～8 | 500～600 | 30～40 | ＜0.5 |
| 破碎基岩层 | 金刚石 | SDB94 | 5～7 | 600～800 | 15～30 | ＜0.5 |
| | PDC | SDB110 | 0～5 | 500 | 10～15 | ＜0.5 |

#### 4. 泥浆

植物胶和水的比例，砂性土为 8：100，砂砾石地层为 10：100～13：100，破碎基岩层为 15：100。为了提高冲洗液的黏度，降低滤失量，有效地保护孔壁，防止坍塌，冲洗液中加入 0.5%（冲洗液体积）的羧甲基纤维素（CMC）。

（1）向自制搅拌桶中加入一半清水，开动机器以 500～600r/min 速度高速搅拌，并一次性倒入配制好重量后的植物胶粉，搅拌 5min，待干粉充分分散无疙瘩为止。

（2）加满清水继续搅拌，再继续搅拌 5～10min 即可，搅拌后的效果手摸呈胶状无疙瘩即可（图 2-8）。

图 2-8　泥浆配制
（a）植物胶配合比；（b）羧甲基纤维素；（c）测冲洗液黏度

### 2.4.3　应用效果

本次采用 SDB 半合管钻具＋植物胶冲洗液钻进工艺，并针对实际地层，通过多次场地试验与工艺参数调试，取得了良好的效果，针对松散碎石层，岩芯采取率可达 90%～100%，较传统手段提升巨大，试验成果得到业内专家一致认可。试验成果与采用传统手段成果参数对比见表 2-2。

效果对比如图 2-9～图 2-11 所示。

试验成果对比 表2-2

| 钻探方法 | 砂土层 | | 砂砾石层 | | 破碎基岩层 | |
|---|---|---|---|---|---|---|
| | 采取率（%） | 是否保持原状结构 | 采取率（%） | 是否保持原状结构 | 采取率（%） | 是否保持原状结构 |
| 传统钻探手段 | 60～100 | 否，局部保持原状结构 | 50～90 | 否 | 50～80 | 否 |
| SDB半合管＋植物胶冲洗液 | 90～100 | 是 | 90～100 | 是 | 90～100 | 是 |

（a） （b）

**图2-9 砂土层取样成果对比**

（a）传统手段；（b）SDB半合管钻具＋植物胶冲洗液

（a） （b）

**图2-10 砂砾石层取样成果对比**

（a）传统手段；（b）SDB半合管钻具＋植物胶冲洗液

（a） （b）

**图2-11 破碎基岩层取样成果对比**

（a）传统手段；（b）SDB半合管钻具＋植物胶冲洗液

# 第3章 边坡地下水患探测技术

随着工程建设的增多，尤其是山区工程建设规模的加大，边坡高度增高，复杂性增大，对边坡处治技术要求越来越高，影响边坡稳定性因素除地质条件、岩土体的力学性质、边坡形态、边坡工作状态等外，地下水的作用也不可忽视。浙江省属季风性湿润气候，受短时台风暴雨及长时梅雨影响严重，往往在边坡内部形成较高的地下水位，继而引发集中多发的斜坡地质灾害。故查明坡体内地下水的分布情况及含水量等，对于边坡防控显得尤为重要。

本章提出地下磁流体探测技术与地质雷达探测技术联合使用探测边坡地下水，并将该技术应用于某高速公路 K290、K325 等边坡，探测结果表明这两种技术结合能较好地探测边坡水害隐患，为边坡地下水害隐患探测提供了一种行之有效且操作简便的新方法。

## 3.1 常用地下水探测技术

边坡的失稳一般与地下水、大气降雨有关。素有"十个滑坡九个水""无水不滑坡"的说法，这充分反映了水是产生边坡失稳的重要条件之一，崩塌、滑坡、泥石流等失稳现象的发生和发展多受水等因素的控制。因此，寻求一种准确、便捷、经济的针对边坡地下水的探测方法有着重要的意义。

物探是一种测量工程区的水工地质条件的勘探、测试方法。常规的物探找水方法是通过勘查含水构造和层位来间接找水，目前常用于找水的物探方法有电阻率联合剖面法、对称四极测深法、激发极化法（或称激电法）、瞬变电磁法（TEM）和核磁共振（NMR）技术 5 种。

（1）电阻率联合剖面法：由两组三极装置联合进行探测的视电阻率测量方法，在大范围内查找低阻体（构造破碎带是造成低阻体反应的一种地质体）位置非常快速、准确，具有分辨能力高、异常明显的优点。该方法在水文地质和工程地质调查中获得广泛的应用，是山区找水常用的方法。

（2）对称四极测深法：常规直流电阻率法勘探中较常用的一种方法，在同一点上通过逐次扩大供电电极距及测量电极距使探测深度逐渐加深，观测测点处垂直方向由浅到深的电阻率变化，并依据地下目的层与相邻层的电阻率差异来探测地下介质分布，经过资料解释进行地下分层。利用对称四极测深法找水，同样是寻找相对低阻异常。此异常一般在曲线上表现为下降、平缓等形式，一般水位以下低阻异常越明显，裂隙越发育，水量越大。

（3）激发极化法（或称激电法）：是以岩、矿石激发效应的差异为基础，通过观测和研究大地激电效应来探查地下地质情况或解决某些水文地质问题的一类电法勘探方法。采用直流电或交流电都可以研究地下介质的激电效应，前者称为时间域激发极化法，后者称为频率域激发极化法。激发极化法的野外工作方法和其他物探方法类似，是在事先布置好的测网上逐点进行观测，来寻找各种类型的储水构造。理论和实践表明，激发极化法不受地形起伏和围岩电性不均匀的影响，因此很适合用来寻找地下水，划分富水地段。

（4）瞬变电磁法（TEM）：利用不接地回线或接地电极向地下发送脉冲式一次电磁场，用线圈或接地电极观测由该脉冲电磁场感应的地下涡流而产生的二次电磁场的空间和时间分布，从而解决有关地质问题的时间域电磁法。瞬变电磁野外工作中一般是用线圈观测感应电压，根据实测电压衰减曲线，可绘制不同时间处的视电阻率断面图，以此推断地下异常分布情况。瞬变电磁法在揭示有关含水层结构及位置的同时，也能测量磁场，以便绘出地下水位置及显著的断层和岩脉。据此计算机解释技术能够作出深度和含水层的电导率图。这种资料能够直接帮助水文地质学家识别并开发地下水。

（5）核磁共振（NMR）技术：探测地下水的前提条件是水中氢核的顺磁性，其磁矩不为零。在稳定地磁场的作用下，具有一定磁矩的氢核以旋进频率 $f_L$（拉莫尔频率，与地磁场强度有关）绕地磁场旋进。向铺在地面上的线圈中通入频率为拉莫尔频率的交变电流，在地层中形成的交变磁场激发下，地下水中的氢核产生能量跃迁，断电后高能级的氢核释放出大量的具有拉莫尔频率的能量，用地面接收线圈接收由不同激发脉冲矩激发产生的核磁共振信号，不同激发脉冲矩的接收信号幅度大小反映了不同深度氢核的数量，即含水量的多寡，据此可探测不同深度地下水的含量。

这些传统的物探方法对边坡体地下水探测，大多具有多解性。如果引入地下磁流体探测新方法，解决边坡水害的探测和定性定量分析，结合信息传感技术、信号处理技术、EDA&DSP 技术等的地下磁流体探测仪，可解决传统找水物探仪器观测结果多解性的问题，广泛用于找水、防水和治水等岩土工程领域。

## 3.2　磁流体探测技术原理

### 3.2.1　基本原理

所谓地下磁流体，是指将铁磁性微粉分散于液体中而形成带有磁性的固液混合相流体。地球由地壳、地幔、地核三部分组成。而地核由液态的金属外核和固态内核组成，外核处于 4000～6000℃的高温和 150 万～250 万大气压的高压状态下，其中的金属物质呈导电流体状态，其主要成分是铁和镍，还可能有一小部分轻物质。地核在热力学差异和成分差异的驱动下，外核液态物质在地球的自转系统中发生对流，从而使液态外核形成地下磁流体。地下磁流体在地球自转、公转过程中，会向地球的表层外地幔和地壳发射电磁波，该过程是地球磁场的主要产生原因。

地下磁流体探测系统的探测原理是利用地球内部场源从地核发出，在穿透地层的过程中与不同结构的地质体发生折射、反射等耦合，以及与流动的地下水的相互作用，都会产生天然的电磁耦合效应。其穿透到地面的电磁信号，是包含上述不同作用的信号，且不同的地质构造表现出的特征都不完全相同。地下磁流体探测系统是在地表通过探针接收来自地球内部的地下磁流体的电磁波信号，经探测电缆到地下磁流体探测仪，由探测仪提取特征信息并送到上位机综合分析得出探测结果，可以有效地探测出岩土体中裂隙和地下水的分布状况。其探测原理如图 3-1 所示。

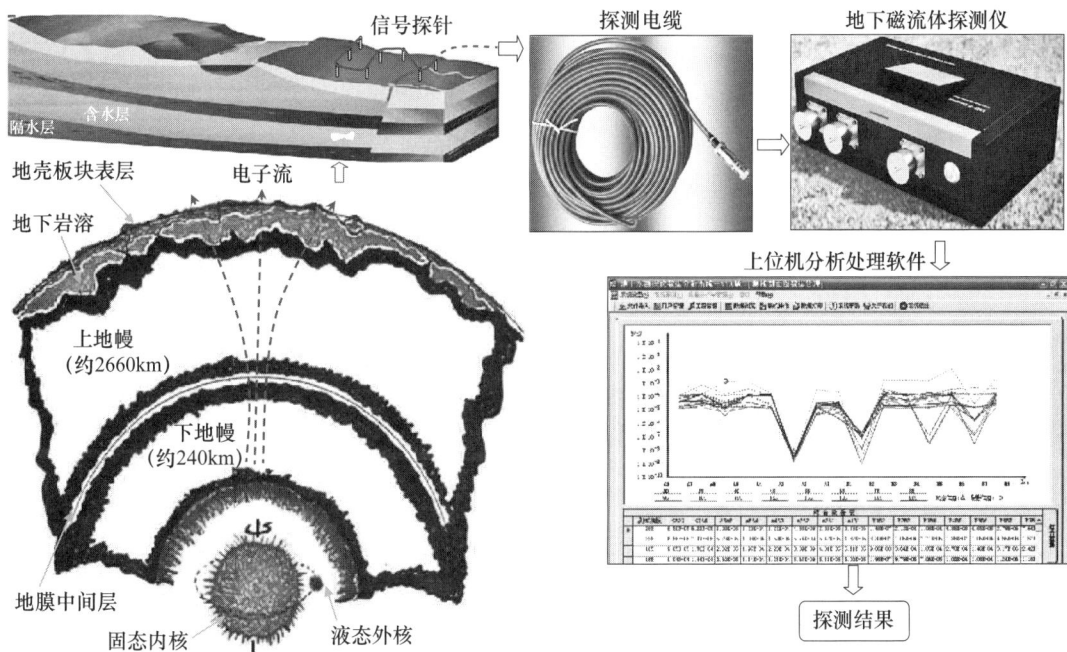

图 3-1　系统探测原理图

图 3-2 所示为电磁耦合原理图，图 3-2（b）中 $B$ 为地磁场在正交方向的分量，$V$ 为断层中地下水的流动速度及方向，根据电磁感应定律，就会在 $E$ 方向产生一个交变的感应电动势，系统的数据采集模块便可通过探针 $T_1$ 和 $T_2$ 在检测大地电场静态信息的同时，检测到这个交变的感应电动势（地下水的动态信息）。

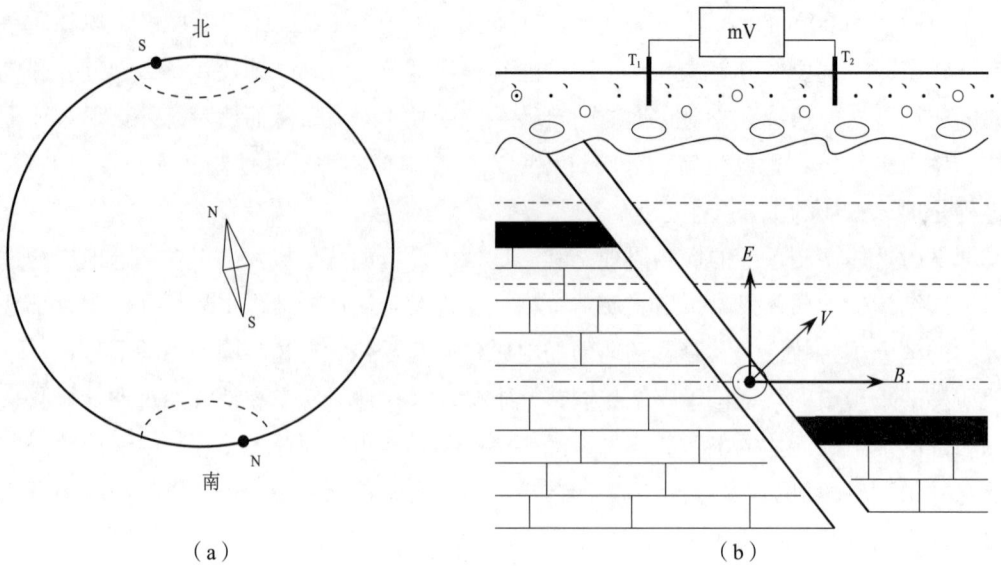

图 3-2　电磁耦合原理

（a）大地磁场；（b）地磁场分量

电磁波可以认为是从地球内核发出，垂直于地表的平面波。基于电磁场理论及麦克斯韦方程和一些假设条件得到探测频率 $f$ 与深度 $h$ 之间的关系：

$$h = 503.3\sqrt{\rho / f} \tag{3-1}$$

式中，$\rho$ 为探测点地表电阻率（$\Omega \cdot m$）。

实际天然电场探测应用中，地表土层的情况各不相同，电阻率范围在 $0 \sim 200\Omega \cdot m$；若能够准确得知探测区域地表电阻率，则可以采用式（3-1）计算探测深度。对于未知地表电阻率的地区，要找到一个准确深度的目标作为探测对象，采用探测仪器不断改变探测频率 $f$ 对已知目标进行探测，直到探测出该已知目标为止。

### 3.2.2　数据采集处理方法

本项目中仪器采用 ADU-07e 大地地磁仪，采用四通道采集方式，如图 3-3 所示。

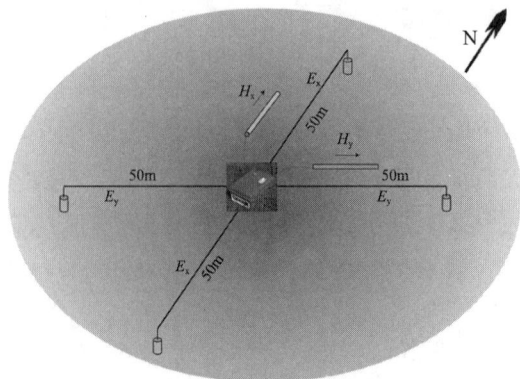

图 3-3　四通道采集方式原理

四通道包括两个电道 $E_x$ 和 $E_y$，两个磁道 $H_x$ 和 $H_y$，设置的采样频率为 256Hz，采样的深度在 20～30m。分别对四个通道设置传感器类型、传感器的距离，设置采样的时间为 5min。将两个磁道的磁传感器正北和正东水平放置且互相垂直，将四通道传感器放入土中且与土能够很好地结合，检查无误之后开始采集工作及数据处理。

## 3.3　地质雷达探测技术原理

### 3.3.1　基本原理

探地雷达探测边坡地下水分布状况是利用高频电磁脉冲波的反射原理（图 3-4）。通过发射天线向坡体内部目标体发射高频宽带短脉冲电磁波，经目标体反射后返回并由天线接收。电磁波在介质中传播时，其路径、电磁场强度与波形将随所通过介质的电性及几何形态的变化而变化。因此，根据电磁波传播所携带的信息，经过分析、处理与计算，即可获得坡体内地下水的相关信息。

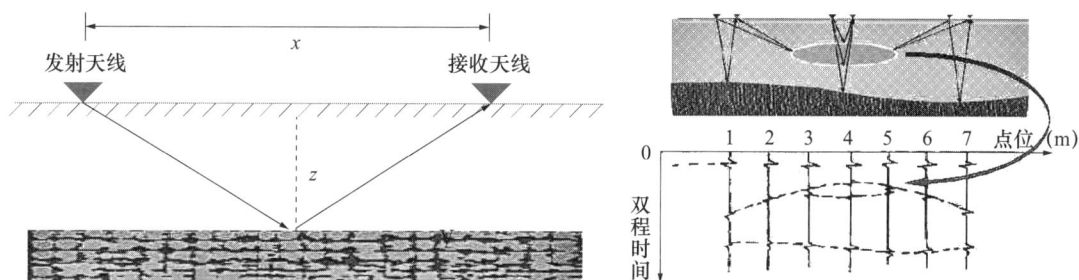

图 3-4　探地雷达工作原理示意

探地雷达接收到的信号通过模数转换处理后送到计算机，经过滤波、增益等一系列数据处理后形成雷达探测图像。探地雷达图像是资料解释的基础图件，地下介质中存在的电性差异就可在雷达图像剖面中反映出来。通过同相轴追踪，可以测定各介质反射层的反射波旅行时 $T$。根据地下介质的电磁波速 $V$ 和反射波旅行时 $T$，由公式（3-2）可计算目的层的深度 $h$：

$$h = \frac{1}{2}\sqrt{V^2 T^2 - x^2} \qquad (3\text{-}2)$$

式中，$h$ 为目的层的深度，$x$ 为发射天线和接收天线的间距，$V$ 为介质中的电磁波速度。

探测时，把雷达天线紧贴在底板，探测人员以 2km/h 左右的速度沿测线方向拖动雷达天线移动。随着天线的移动，探地雷达连续地记录波形图像（图 3-5）。

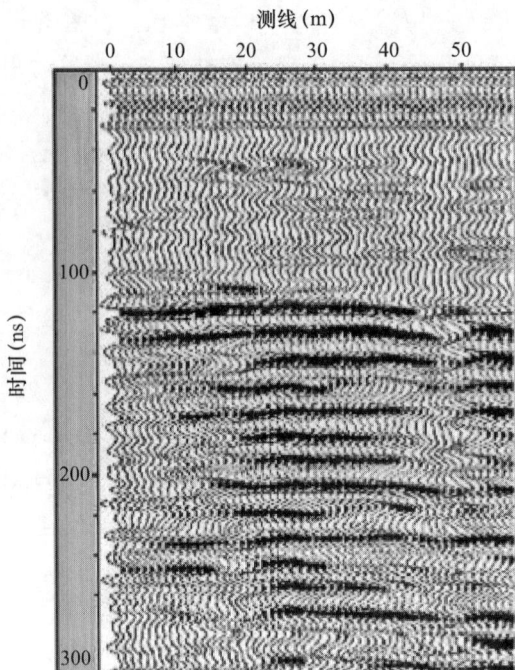

图 3-5　岩（土）体空腔的雷达特征图像

## 3.3.2　采集数据处理方法

本次边坡探测使用 LTD2100 型探地雷达，配置主频为 100MHz 的屏蔽天线，雷达采用连续测量方式，采样点数设为 512，每秒扫描数 100 道，每米扫描数 20 道，叠加次数为 10 次，采用自动增益，雷达探测深度为 50m。

现场数据采集时，操作人员拖动 100MHz 的屏蔽天线与底板密贴，沿测线方向滑动，并在天线经过的地方画线做标记。检测速度控制在 2km/h。雷达仪主机高速发射雷达脉冲，进行快速连续采集。

由于高频雷达信号衰减很快，现场采集的雷达资料不能直接进行分析与解释，必须使用专用雷达软件，经滤波、增益、恢复等一系列处理后，才能显现所需要的雷达图像信息。

经一系列处理后形成雷达图像，综合分析雷达图像及提取的单道记录，判读各探测目的层的雷达波形形态和图像特征，则可确定目的层在图像中的位置。

岩体空腔一般出现在硬质岩层中，空腔中可能为空、含水或填充其他物质，其地质雷达图像和波形特征通常表现为：空腔在地质雷达图像上的形态特征主要取决于空腔的形状、大小以及填充物的性质，一般表现为由许多双曲线强反射波组成。在空腔侧壁上为高幅、低频、等间距的多次反射波组，特别是无填充物或充满水时反射波更强，而空腔底界面反射则不太明显。只有当洞穴底部部分充填水或黏土、粉砂、砂砾性物质时底部反射波会有所增强，可见一组较短周期的细密弱反射。如果空腔内为空或充满水体时，则在洞体内部几乎没有反射电磁波；有充填物时电磁波能量迅速衰减，高频部分被吸收，反射的多为低频波，自动增益梯度大。

## 3.4　工程应用

### 3.4.1　工程概况

　　某高速公路 K290＋400 边坡场地属构造剥蚀低山丘陵地貌类型，处于斜坡地带，位于高速公路隧道口里程桩号 K290＋219～K290＋430 段右侧，为高速公路建设切削山体形成的人工边坡。边坡类型为岩质，边坡最大高度 26.0m，坡向为 42°。原设计一级边坡为浆砌护面墙，坡高 7.9m，坡率 1∶0.47；二级边坡为锚喷＋SNS 防护网，坡高 18.1m，坡率 1∶0.31。经过多年的运营，该边坡局部范围出现岩层风化剥落、挡墙变形、坡积层坍塌、喷锚体老化剥落、浮岩坠落及坡面渗水等病害，于 2013 年进行了加固设计，主要采取了预应力锚索＋格构梁加固方案＋地下排水的综合处治措施，如图 3-6 和图 3-7 所示。

图 3-6　边坡照片

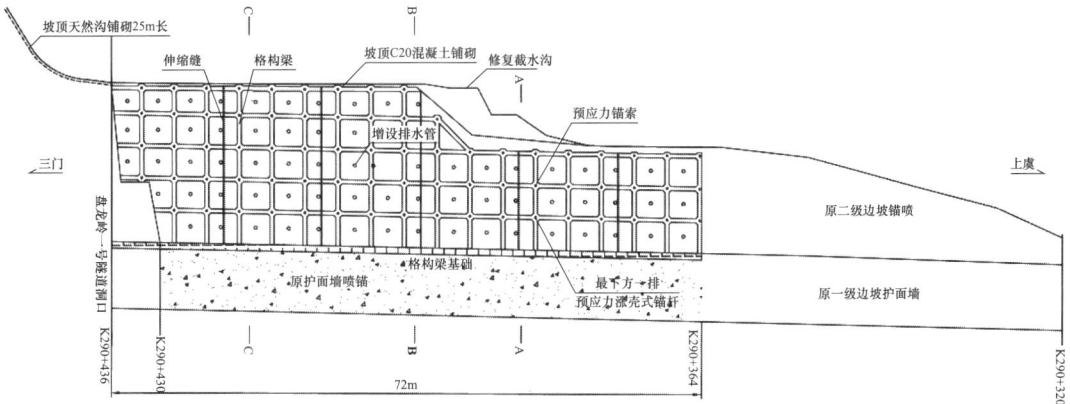

图 3-7　边坡加固防护立面图

## 1. 地层岩性

根据钻探及工程地质调查测绘，并结合周边隧道勘察报告，边坡区范围的各岩土层特征分述如下：

（1）岩体工程地质特征

前第四纪地层主要为上侏罗统玄武岩。

1）强风化玄武岩：灰黄、褐黄色，节理裂隙很发育，矿物多已风化蚀变，裂面见大量铁锰质渲染，且多见有夹泥现象，岩石多呈碎块状，强度低。边坡区均有分布，为基岩表部风化形成，基岩露头可用镐沿裂隙面挖掘，局部性质较差，锤击易碎，其厚度为1.9～4.4m，局部较厚。

2）中风化玄武岩（风化卸荷裂隙发育带）：灰褐色、灰色、浅灰色多见，局部呈灰黄色，岩石较新鲜，坚硬，节理裂隙较发育～发育，原生裂隙面较明显，少数充填方解石脉，次生裂隙发育，裂面风化程度较强，铁锰质渲染严重，少数见有夹泥，泥质黏塑性较好，颜色多呈黄褐色、红褐色，夹泥厚度小于1cm，局部呈多层带状分布。该层分布于边坡坡体中，厚度在7.8～10.3m。

3）中风化玄武岩：青灰色，局部呈棕红色，岩石较新鲜，坚硬，节理裂隙较发育～发育，原生裂隙面较明显，充填方解石脉，裂面见铁锰质渲染，风化程度较弱，锤击不易敲下。该层分布于边坡坡体中，厚度在5.5～10.6m。

4）微风化玄武岩：青灰色为主，节理裂隙较发育，充填方解石脉，风化程度极弱，锤击声脆。层厚4.0～11.3m。

5）未风化基岩：青灰色为主，分布于微风化层以下，勘察未揭见。

（2）土体工程地质特征

边坡区土体主要为残坡积层和全风化基岩层，残坡积层厚度在上部山坡上一般为1.4～3.2m，局部较厚。其岩性主要为含黏性土砾砂。现自上而下分述如下：

1）含黏性土砾砂：灰黄色，松散—稍密，厚层状，中低压缩性，角砾径2～20mm，含量25%～30%，砂含量20%～30%，局部夹个别块石，块径2～6cm，局部呈短柱状，块径＞9cm，棱角形，碎块石多呈强～中等风化状，岩性为玄武岩，其余主要为黏性土和砂质及粉土充填。该层场地在主要场地范围内为残积、坡积土，揭露层厚在1.0～1.6m。

2）全风化基岩：褐黄色，性质接近于残积土，原岩结构尚可辨，岩芯呈砂砾状，手可掰开，局部为全～强风化碎块，层厚0.4～1.6m。

## 2. 水文地质条件

边坡区内地下水类型主要为第四系松散岩类孔隙潜水及基岩裂隙水。

（1）孔隙潜水

孔隙潜水主要赋存于上部残坡积含黏性土砾砂层和全风化玄武岩层中，分布在山体斜坡浅表部。富水性较差，主要接受雨水的入渗补给，并向下渗入基岩裂隙中或沿坡体向下游渗流排泄。边坡区上部主要为梯田，多种植水稻，农田灌溉也是地下水的补给源之一。

根据勘察资料，边坡区覆盖层厚度为 0.5～5.0m，其赋存的孔隙潜水，水量不大，但动态变化较大，雨季水位迅速上升，水位为 0.3～1.0m，旱季水位下降，甚至无水。其涌水量一般小于 1.8m³/h。

（2）基岩裂隙水

基岩裂隙水又可分为基岩网状裂隙水、断裂破碎带脉状裂隙水及玄武岩孔洞裂隙水。

边坡区基岩大的张性断裂构造不发育，虽然节理裂隙很发育，但多充填方解石脉，且山体坡度较陡，汇水面积小，没有良好的储水空间，故区内基岩裂隙水水量贫乏，其主要受大气降水和上覆孔隙潜水补给，沿坡脚或坡体中部渗流排泄。基岩网状裂隙水主要分布于中风化及其以上部位，赋水条件较差，水量贫乏，勘察期间（干旱季节）地下水位埋深为 9～16m，在边坡中部（夹泥小断裂处）及根部，均见有地下水渗出（下降泉形式）。根据原隧道勘察报告中抽水试验成果，基岩裂隙水涌水量为 0.005～0.10m³/h。

断裂破碎带脉状裂隙水（构造裂隙水），含水岩组为断裂破碎带及小断裂带，断裂破碎带宽度较大，如 F₁ 断裂带，发育宽度达 10～12m，但由于其后期被构造热液充填、胶结，赋水条件较差，边坡区风化卸荷裂隙局部贯通，形成小断裂，但其发育宽度不大，且多有夹泥现象，其单条断裂宽（厚）度小于 3cm，成带发育宽（厚）度小于 1.5m。故其水量较贫乏，根据原隧道勘察报告中抽水试验成果，其涌水量为 0.002～0.30m³/h。其接受第四系松散岩类孔隙水、基岩裂隙水的渗透补给，沿断裂带向下渗流排泄。局部在边坡坡面上被切断出露，形成泉。

玄武岩孔洞裂隙水主要赋存于玄武岩气孔状、杏仁状构造中，由于其连通性极差，故水量贫乏。

### 3. 地下水作用分析

勘察期间场地钻孔揭示地下水位埋深 10.4～15.9m（表 3-1），勘察期间水位标高为 252.85～256.95m。

磁流体探测区地下水埋深情况（m）　　　　　　　　　　表 3-1

| 孔号 | 孔位坐标 | | 孔口标高 | 钻孔深度 | 地下水位 | |
| --- | --- | --- | --- | --- | --- | --- |
| | $X$ | $Y$ | | | 埋深 | 标高 |
| ZK2 | 3242506.85 | 584830.27 | 265.93 | 34.70 | 12.80 | 253.13 |
| ZK3 | 3242497.73 | 584825.07 | 272.85 | 30.20 | 15.90 | 256.95 |
| ZK4 | 3242513.40 | 584817.25 | 263.25 | 17.90 | 10.40 | 252.85 |
| ZK5 | 3242491.67 | 584845.42 | 268.74 | 24.80 | 12.40 | 256.34 |
| T1 | 3242598.17 | 584852.80 | 237.99 | | | |
| T2 | 3242644.41 | 584783.66 | 232.90 | | | |

注：坐标为 1980 西安坐标系，高程为 1985 国家高程基准。

边坡区处于残坡积层、基岩强—中风化层的硬质块状碎块岩体中，岩体受各种应力作用所产生的结构面（节理裂隙等）发育不均匀，非均一性和各向异性显著，透水性差别很大，在强风化岩体中，节理裂隙发育，透水性较强，中至微风化岩体中节理裂隙多呈闭合状，透水性较弱。地下水主要呈脉状或线状富集，水力联系差，无统一的地下水面。地下水主要受大气降水及上覆第四系水渗透补给，地下水位受地形控制，流向与地形一致，向沟谷排泄。

### 3.4.2 磁流体探测结果

采用地下磁流体探测仪器对某高速公路K290＋400边坡开展实地探查与测点选择工作。经过分析，确定2条测线，受该位置的地理环境限制，只能选定7个测点（图3-8），每个测点相距10m。每个测点的探测次数为3次，每次采样时间为360s，采样频率为1024Hz。

图 3-8 测点布置

经过野外数据采集、室内数据整理和分析，结果如下：

（1）第1条测线，根据反演结果图像（图3-9a、b）分析可知，在地面以下10m左右，电阻率开始变小，说明从地下10m左右地下物质的导电性能变强，可以推测出在地下10m左右开始出现地下水，与勘察期间揭示地下水位埋深10.4～15.9m吻合得较好。而在测点3和测点4地下50m左右有地下水汇集，其汇聚方向由测点3、测点5流向测点4。

（2）第1条测线和第2条测线处于平行的位置。从第2条测线反演结果图像（图3-10a、b）分析，测线下面10m左右处地下水开始出现，测点5下方50m左右存在地下水汇集，其汇聚方向从测点5指向测点7。第2条测线的反演结果佐证了第1条测线的反演结果和推测结论。

（3）从两条平行的测线观察，第1条测线的水平标高小于第2条测线的水平标高，从两条测线反演结果图像可以推断出地下水从第2条测线流向第1条测线，并得出边坡磁流体地下径流如图 3-11 所示。

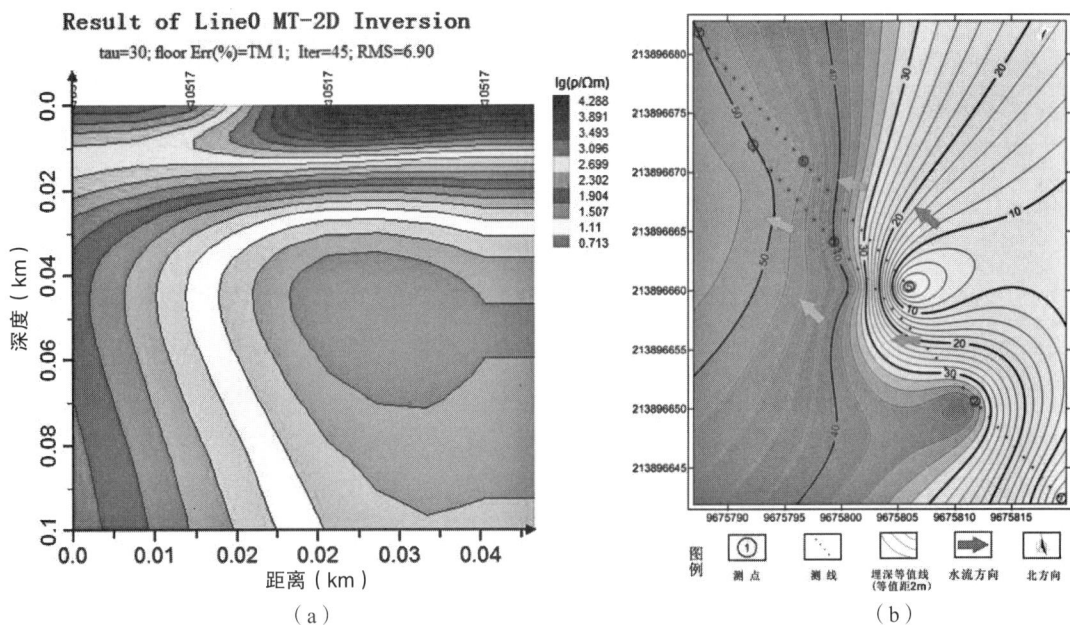

（a）

（b）

**图 3-9　测线 1 测量结果**

（a）测线 1 反演图；（b）依据测线 1 绘制的磁流体埋深等值线图

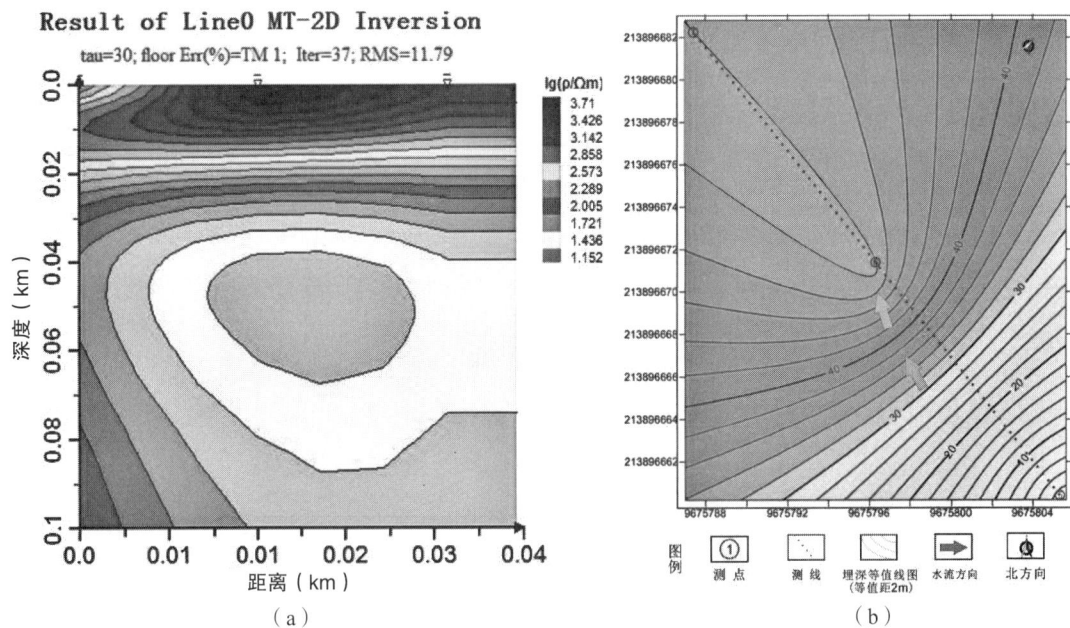

（a）

（b）

**图 3-10　测线 2 测量结果**

（a）测线 2 反演图；（b）依据测线 2 绘制的磁流体埋深等值线图

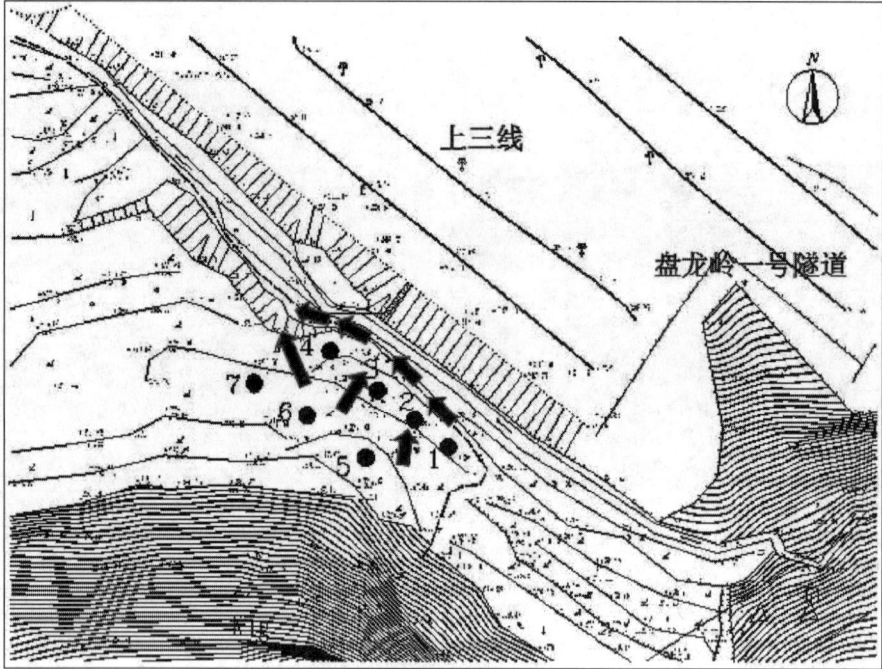

图 3-11　边坡磁流体地下径流

### 3.4.3　地质雷达探测结果

本次探测内容为裂隙（带）、空腔，验证地质雷达对边坡含水情况具有探测功能。其现场测线布置如图 3-12 所示。

图 3-12　测线布置示意图

采用探地雷达对边坡进行探测，经资料整理及雷达图像综合分析解译，得出测线 1 的探测结果如图 3-13 所示，获得如表 3-2 所示的主要结论性成果。

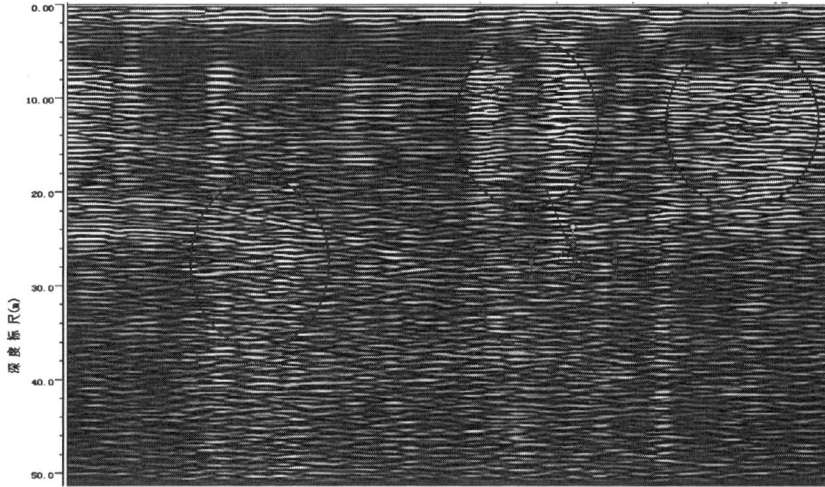

图 3-13 测线 1 某高速公路 K290＋400 边坡地下水探测处理图像

某高速公路 K290＋400 边坡地质雷达探测测线 1 地质异常情况 表 3-2

| 范围 | 深度（m） | 地质异常 |
| --- | --- | --- |
| （584814.0411,3242535.7308）～<br>（584825.2922,3242526.7403） | 19～37 | 存在规模较大裂隙 |
| （584831.1850,3242522.3521）～<br>（584842.8647,3242513.0405） | 4～22 | 存在不规则串珠状充填型空腔 |
| （584848.1152,3242509.2945）～<br>（584864.8012,3242495.9199） | 5～21 | 存在不规则串珠状充填型空腔 |

通过对某高速公路 K290＋400 边坡地质异常情况测线 1 的数据分析，在 CAD 图上表示相应的地质异常段（图 3-14）。图 3-14 中该边坡第一道红色虚线段所示即为地质异常段展布范围。

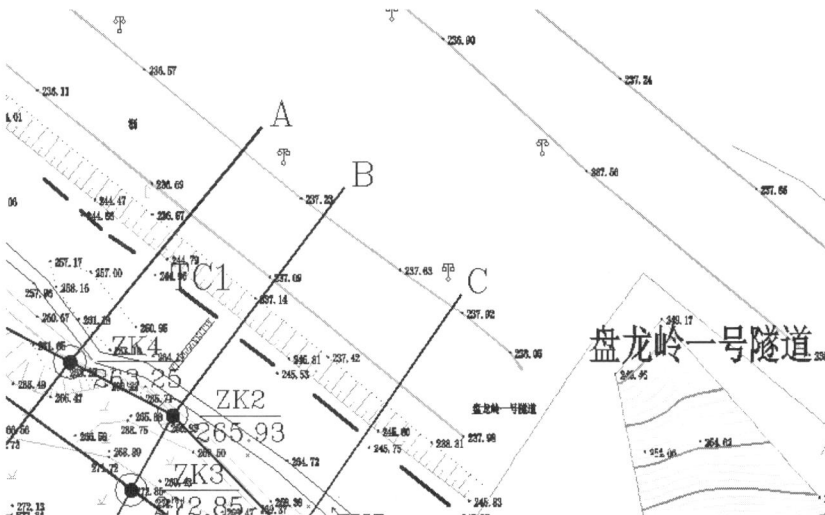

图 3-14 某高速公路 K290＋400 边坡地质异常情况分布图（测线 1）

同理，可获得测线 2 的探测结果如图 3-15 所示，获得如表 3-3 所示的主要结论性成果。

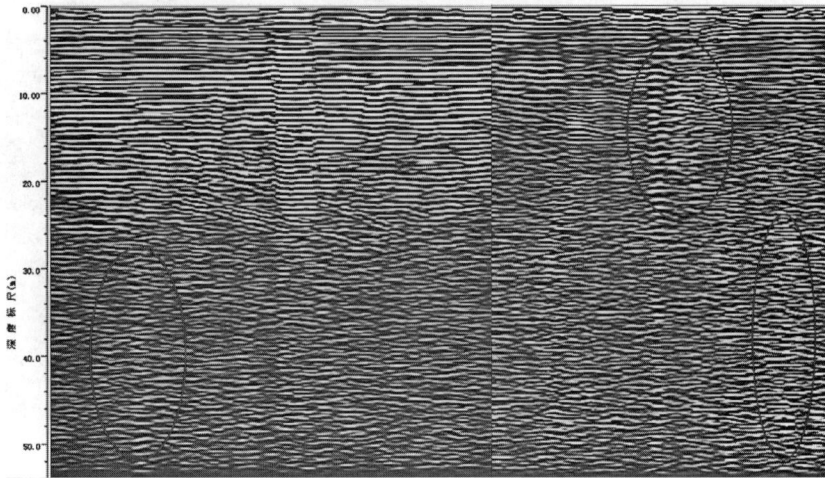

**图 3-15 测线 2 某高速公路 K290＋400 边坡顶部地下水探测处理图像**

某高速公路 K290＋400 边坡地质雷达探测测线 2 地质异常情况　　　　表 3-3

| 范围 | 深度（m） | 地质异常 |
|---|---|---|
| （584788.7361,3242543.8746）～（584797.1789,3242535.6821） | 28～52 | 存在不规则串珠状充填型空腔 |
| （584822.5078,3242512.5507）～（584839.6349,3242501.9487） | 4～25 | 存在规模较大的裂隙 |
| （584847.3537,3242495.8043）～（584856.7620,3242488.3348） | 24～52 | 存在不规则串珠状充填型空腔 |

通过对某高速公路 K290＋400 边坡测线 2 所探测的地质异常情况数据分析，在 CAD 图上可表示出相应的地质异常段（图 3-16）。图 3-16 中的该边坡顶部的红色虚线段所示即为地质异常段所展布的范围。

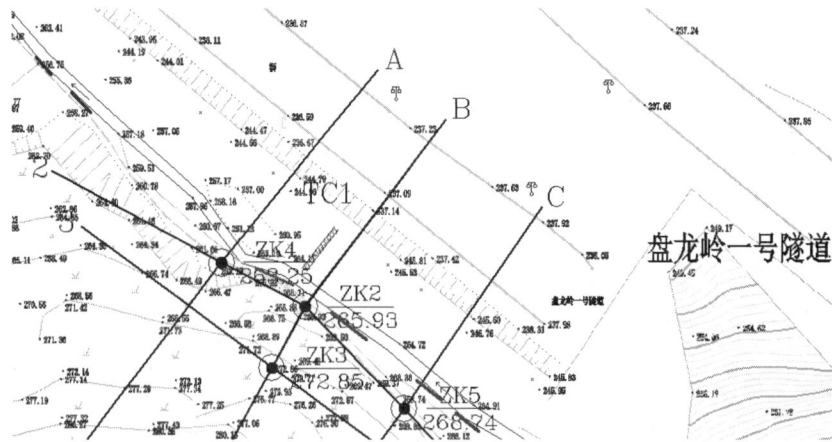

**图 3-16 某高速公路 K290＋400 边坡地质异常情况平面分布图（测线 2）**

### 3.4.4　应用效果

（1）通过对某高速公路 K290 ＋ 400 边坡开展磁流体探测可知，K290 ＋ 400 边坡在地下 10m 开始出现地下水，与勘察期间场地钻孔揭示地下水位埋深 10.4～15.9m 吻合一致；地下 50m 左右有地下水汇集，说明该探测深度范围内还存在另一个低阻异常区。从探测结果来看，本探测方法所得出的探测结论与现场实际情况和地质钻孔资料基本吻合，说明磁流体探测技术与方法在边坡水害隐患探测中是一种行之有效且操作简便的新方法。

（2）通过对某高速公路 K290 ＋ 400 边坡开展地质雷达边坡水害探测，经过系统的资料整理及雷达图像的综合分析与解译，获知边坡地质情况较复杂，地质异常较多，易富水。通过这个例子验证了地质雷达对边坡含水情况具有一定的探测功能。

（3）边坡工程地下水的勘察中，常规的钻探技术有其局限性，而磁流体联合地质雷达探测技术能比较准确地对边坡地下水的位置分布及径流通道进行预判，对今后类似的边坡水害探测与治理可起到指导性作用。

# 第 4 章　岛礁边坡病害探测技术

随着社会经济的快速发展，各类工程建设活动逐渐向海洋、水下延伸，边坡防控也衍生出海域岛礁水下边（岸）坡的特殊类型。针对海域岛礁水下边（岸）坡的探测，无论是建设，还是运营维护均缺乏相关经验可以借鉴，亟须开发一套便捷、高效、安全的技术方法，为水下边（岸）坡防控提供技术支撑。

本章内容依托舟山大陆连岛工程西堠门大桥老虎山边坡工程项目，针对运营期水下边（岸）坡坡面检测难题，开创性地采用先进的多波束测深设备对桥梁基础水下边（岸）坡进行探测，获取了详细海底地形地貌数据并生成三维点云模型，根据获取的水下边（岸）坡面细部特征，分析海底地形特征与变化，判断是否存在淘蚀、裂缝情况，从而快速、高效、准确地完成病害勘察工作，为桥梁基础边（岸）坡的稳定性评价提供数据支撑，确保桥梁道路安全。

## 4.1　水下边坡坡面检测难题

水下边坡坡面病害不像陆上边坡坡面病害可以采用现场踏勘、目视观察辅以设备进行检测，很难采用常规的边坡检测技术方法。在海域岛礁的特殊环境下，存在水深流急、能见度差，给水下边（岸）坡坡面的安全检测造成极大困难。传统的方法如水下摄像、人工探摸，作业风险大、费时费力、检测范围有限，导致调查效果不够理想，且效率低下。

## 4.2　多波束测深系统的技术原理

多波束测深系统（图 4-1）的工作原理是利用发射换能器阵列向水下发射宽扇区覆盖的声波，利用接收换能器阵列对声波进行窄波束接收，通过发射、接收扇区指向的正交性形成对水下地形的照射脚印，对这些脚印进行恰当的处理，就能给出与航向垂直的垂面内上百个甚至更多的水下被测点的水深值变化，与现场采集的导航定位及姿态数据相结合，可绘制出高精度、高分辨率的数字成果图，从而较可靠地描绘出水下地形的精细特征，从真正意义上实现了海底地形的面测量。相比传统的单波束，多波束测深系统具有测量范围大、速度快、精度和效率高等优点。

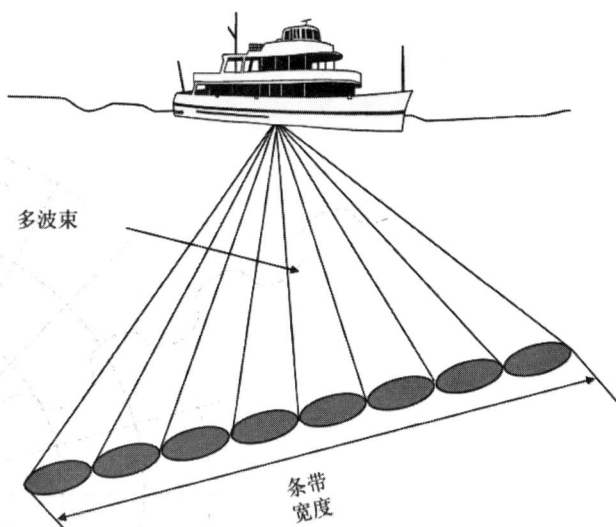

图 4-1　多波束测深系统示意

### 1. 主要仪器设备

（1）测量船 1 艘（20t 左右的铁船）。

（2）定位系统：采用 Applanix POS MV Wavemaster 惯导系统，该系统能够为多波束测量提供高可靠性和高精度定位数据以及方向数据，且具有很高的数据更新速率，可以提供完整的 6 个自由度的位置和方位，包括位置、速度、姿态、升沉、加速度和角速度数据。在 GPS 信号被大桥遮挡或者信号不连续的时间段内，该惯导系统都能够输出可靠的位置和方向信息，满足本项目的定位要求。

（3）测深系统：NORBIT iWBMS 多波束测深系统，该系统具有 256～512 个 0.9° 波束、7°～210° 覆盖能力、1.0cm 量程分辨率、最大量程达 275m、具有 200～700Hz 实时可选择的 50 多个工作频率，能根据水下测量需要达到最佳量程和条带覆盖宽度效果，对水下地形地物实现无缝隙三维扫测。

（4）SVP 声速剖面仪：AML SVP 声速剖面仪，可以直接测量计算出水中的声速，量程为 1375～1900m/s，获取的声速文件在后期数据处理时对水深进行改正。

### 2. 测量精度及误差

本次水下地形扫测采用 NORBIT iWBMS 多波束测深系统，该系统平面采用 ZJCORS 网络 RTK 进行定位，综合定位精度达到厘米级；水深测量精度满足《水运工程测量规范》JTS 131—2012 要求，当水深 $\leqslant$ 20m 时，测深点高程精度 $\leqslant$ 0.2m；当水深 > 20m 时，测深点高程精度 $\leqslant$ 0.01$H$（$H$ 表示水深值）。扫测情况分辨率约为 0.016$H$（$H$ 表示水深值，如当水深为 20m 时，扫测分辨率为 0.32m）。

## 4.3 工程应用

### 4.3.1 工程概况

西堠门大桥是甬舟高速（G9211）舟山大陆连岛工程中的第四座大桥，该桥为主跨1650m 的两跨连续钢箱梁悬索桥，连接册子岛与金塘岛（图 4-2）。西堠门大桥将老虎山作为北塔放置处，为满足边坡在工程荷载作用下的稳定性要求，对南侧桥梁基础边坡采取了"锚杆（索）＋框架梁＋钢筋混凝土挡墙"的加固措施（图 4-3）。

图 4-2　西堠门大桥北塔远景

图 4-3　桥梁基础边坡全景（镜向西北）

该边坡自建成后已运营十多年，一方面承受桥梁基础工程荷载作用，另一方面在海水水位不断升降和波浪冲刷作用下，原有的防护措施在海水变幅带附近出现淘蚀、冲刷等现象（图 4-4），进而威胁到桥梁基础的安全。为确保西堠门大桥的安全运营，需对桥梁基础边坡进行全面检测。其中，对于桥梁基础水下岸坡，一方面需查明岸坡一定区域范围内的水下地形，为边坡整体稳定性分析评价提供基础地形数据；另一方面，需通过技术手段查明桥梁基础水下岸坡是否与海水变幅带附近一样存在由于海浪、海流作用造成的冲刷、淘蚀等灾害现象，为边坡检测提供基础数据。

**图 4-4　挡墙基础冲刷、淘蚀**

由于西堠门水道潮流湍急，在老虎山附近形成强烈的漩涡和急流，且水道泥沙冲积，海水浑浊，能见度低，传统的调查方法（如水下摄像、人工探摸等）存在效果差且效率低。多波束测深系统为桥梁基础岸坡检测提供了一种有效的技术措施，利用覆盖范围广、分辨率高的多波束测深系统对桥梁基础岸坡进行探测，获取详细海底地形地貌数据并生成三维点云模型，分析海底地形特征与变化，根据获取的水下岸坡坡面细部特征，判断是否存在淘蚀、裂缝情况，实现对水下岸坡坡面的探测，为桥梁基础岸坡的稳定性评价提供数据支撑，从而快速、高效、准确地完成边坡检测工作，确保桥梁道路安全。

### 1. 地形地貌

工程区地貌属孤立山丘，山峰海拔高程 30m 左右，山坡坡度变化较大，南侧山坡较缓，25°～30°，其余部位边坡较陡，一般在 45°～60°。除山体顶部有少量坡残积层，厚度小于 0.5m，且植被发育，以松树、灌木及草本植物为主。四周边坡主要为裸露基岩，且近海边缘山体以强—弱（中）风化为特点。另外，在部分断层及长大裂隙部位，因受海浪冲刷，海蚀地貌较发育，以海蚀崖和海蚀沟（槽）为主，局部见海蚀洞，海蚀崖高 5～15m，海蚀沟（槽）宽 2～5m，长 5～15m。从空间分布上看，海蚀沟（槽）沿断裂破碎带或长大裂隙发育。

根据水下地形测量成果结合历史资料，本区水下地形自老虎山往南呈逐步降低趋势，边坡部分北陡南缓，标高由 0m 降至 −80m，坡度由 29° 变为 4°，构成水下边坡地貌；深槽区西侧地形平整，标高 −86m，构成水下谷地地貌；东侧出现局部凸起，凸起幅度约 20m，顶面标高 −63～−58m，构成水下礁石地貌；另外在不同地形地貌区交接部位零星分布一系列局部沟槽，沟深仅 4m，对应海槽地貌。本区水下第四系堆积层成分主要分为两种类型，一种以碎石块堆积为主，另一种则以碎岩屑、泥沙沉积为主。陡坡部位基岩裸露，缓坡部位堆积厚度相对较大，为 3～10m，平缓深槽区沉积厚度较薄，仅 2m，东侧局部凸起带西部缺失，东部有堆积，厚度为 2～4m。

### 2. 地层岩性

工程区地层主要由晚侏罗世九里坪组酸性熔岩、潜火山岩和第四纪松散堆积层组成，现自老到新分别简述如下：

（1）九里坪组（$J_3j$）：岩性为流纹斑岩，灰紫色、灰紫红色为主，岩石坚硬、性脆，流纹构造发育，产状多变，局部具有较醒目的涡流状构造和球泡构造。

（2）第四纪残坡积层（$Q^{el-dl}$）：岩性为褐黄、灰黄色碎（块）石土，主要分布于山体的缓坡处，直接覆盖于基岩面上，零星分布。

（3）晚更新世坡洪积层（$Q_3^{dl-pl}$）：褐黄色、灰黄色为主，多分布于山体顶部，岩性以含碎石亚黏土和含黏性土碎（块）石为主，厚度 1.0～5.0m 不等。

### 3. 地质构造

研究区内主要见 4 条较大规模的断层（图 4-5），主要集中发育于老虎山中间鞍部—南侧山体，地貌上除 $f_7$、$f_{12}$ 外，$f_5$ 和 $f_8$ 在山体两侧露头处均表现为海蚀沟洞。$f_{12}$ 位于山体东南海域基岩陡缓坡交接部位（不在图示范围）。这 4 条相对较大规模的断裂构造，在很大程度上控制着山体的岩体结构及其完整性。

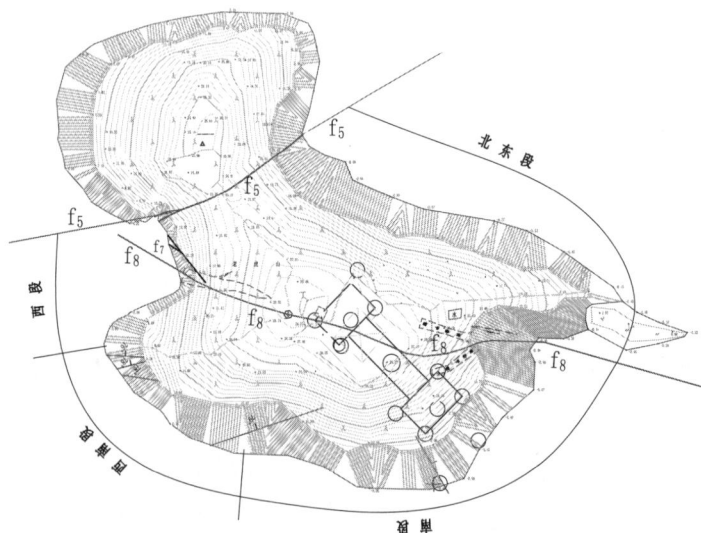

图 4-5　老虎山山体断层分布

## 4.3.2　水下岸坡病害检测分析

### 1. 确定水下扫测区域

本次水下扫测主要以满足桥梁基础岸坡的稳定性检测评价要求为主，范围为桥基岸坡南侧区域并适当外扩，测区东西向长约 400m，南北向长 150～200m，测区位置及范围如图 4-6 所示。

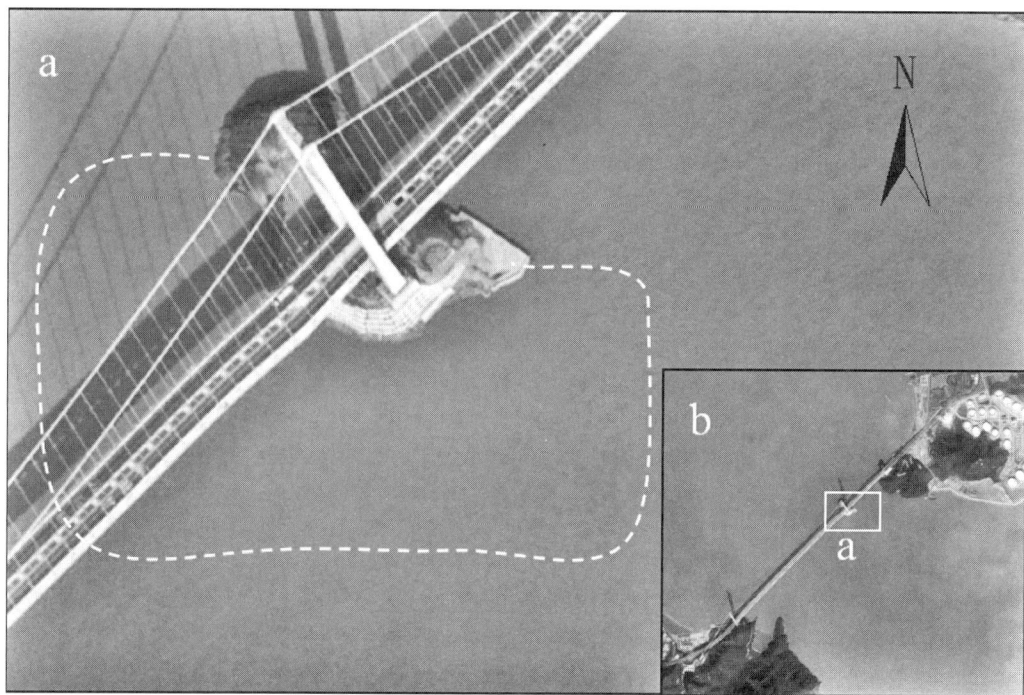

图 4-6　多波束测区范围

### 2. 多波束水下扫测成果

（1）桥梁基础水下岸坡地形分析

通过多波束水下地形扫测的技术手段获取桥梁基础水下岸坡地形的详细测深数据，经数据处理后生成水下地形图（图 4-7），并根据水下地形扫测数据构建三维点云模型（图 4-8）。由多波束水下地形测量成果结合三维点云模型可知，本区域水下地形自老虎山往南呈逐步降低趋势，构成水下边坡地貌。沿边坡走向自东向西水下地形总体呈逐步由缓变陡的规律。其中，东侧水下地形较为平缓；西侧水下地形较为复杂多变，从水下地形图可见，等高线走势较为曲折，水下岸坡自北往南呈北陡南缓趋势。

分别截取东西两个区域的典型剖面线进行分析，剖面位置如图 4-9 所示。

从 Ⅰ－Ⅰ′ 剖面（图 4-9a）可以看出，该区域水下岸坡坡度约为 28°，地势较为缓和；从 Ⅱ－Ⅱ′ 剖面（图 4-9b）可以看出，西侧区域水下地形较为复杂，坡面角度从零米线开始先以约 41° 坡势下降到 −23m，然后变坡以约 18° 坡势下降至 −50m。

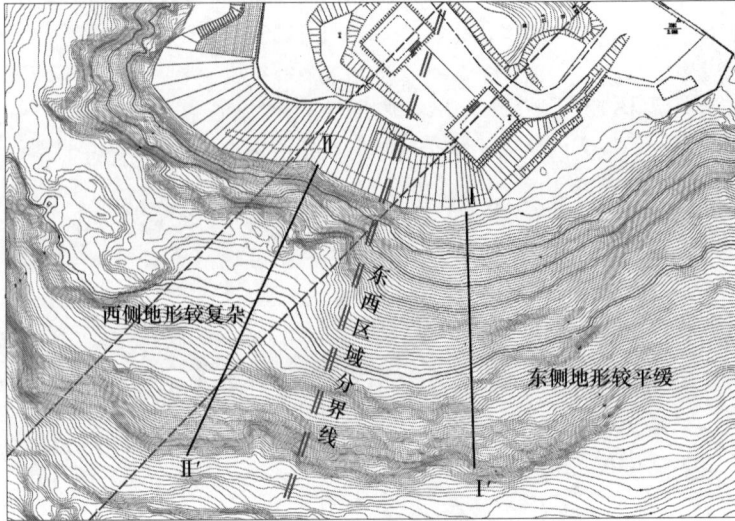

图 4-7　老虎山礁南侧区域水下地形

图 4-8　三维点云模型（由南往北视角）

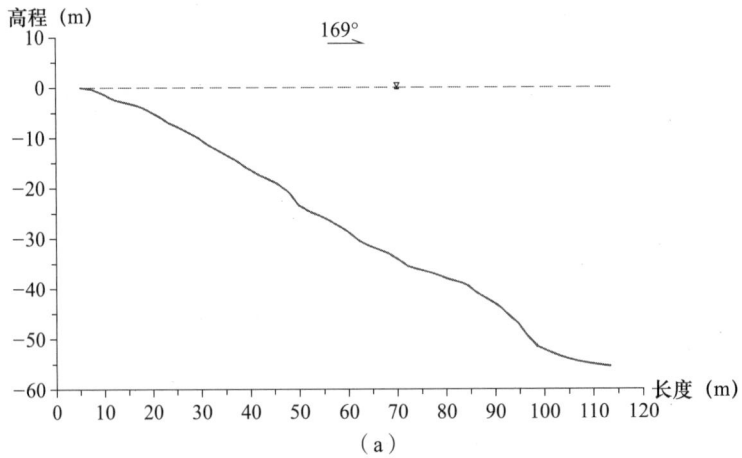

（a）

图 4-9　典型剖面示意

（a）东侧区域Ⅰ-Ⅰ′

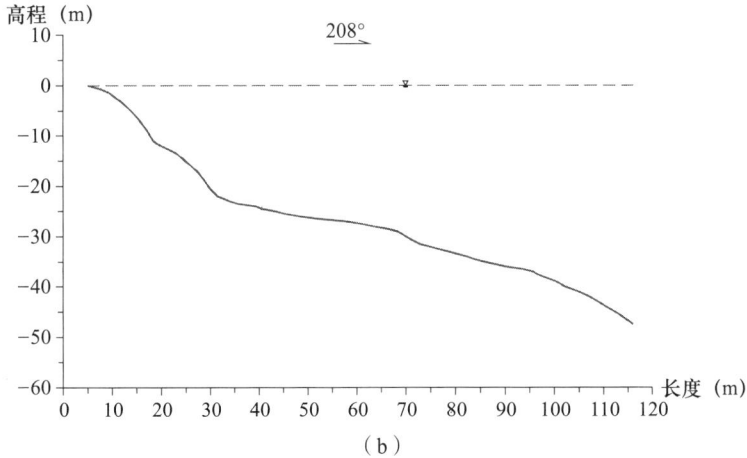

**图 4-9　典型剖面示意（续）**

（b）西侧区域 Ⅱ - Ⅱ′

（2）水下岸坡淘蚀灾害情况分析

通过水下地形扫测构建的三维点云模型数据（分辨率为 0.05～0.25m）并结合水下地形特征判定是否存在淘蚀、裂缝情况。对于三维点云模型上观察到的明显的沟壑、洞穴以及低洼情况，则进一步详细分析其是否为海水冲刷出现的淘蚀情况（说明：三维点云模型中的颜色冷暖表示 $Z$ 坐标的大小，即颜色偏向深色的区域，高程较高；偏向浅色的区域，高程较低，本图中最低处约 -80m，最高高程 0m）。

东侧水下岸坡：地形较为缓和，未见明显沟壑、裂缝、凸起等地貌。

西侧水下岸坡：存在 A 和 B 两个区域的低洼地貌，通过点云模型测算出两个低洼坑的面积约为 50m²。由图 4-10 查看 A 和 B 区域可知，这两个区域是老虎山礁盘自然地貌现象，并非海水冲刷造成的淘蚀情况。

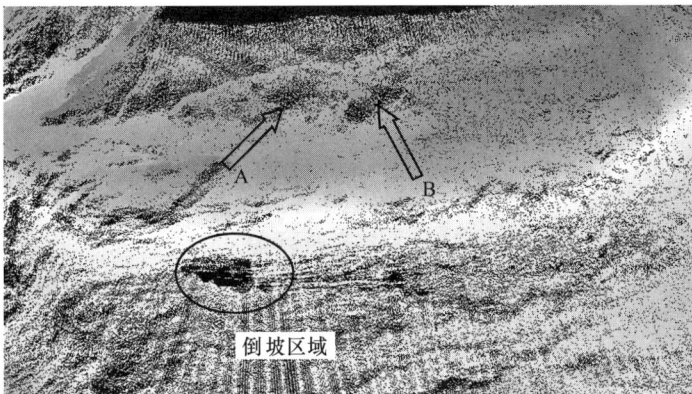

**图 4-10　西侧区域三维点云模型（由南往北视角）**

另外在 A、B 区域下方可见一块约 17.8m×9.5m 黑色区域，此区域是因为存在倒坡现象造成点云无法表示所致。该倒坡往西区域点云模型上呈现较多坑洼地貌，结合三维点云模型查看，此区域及往西区域地形复杂，坑洼较多，为水下谷地和水下礁石的自然地貌，并未发现因海浪冲刷造成的淘蚀、冲刷情况。

### 4.3.3  应用效果

（1）通过多波束水下扫测获取桥梁基础水下岸坡的测深数据，生成水下地形。对桥梁基础水下岸坡的地形分析认为，本区域水下地形自老虎山往南呈逐步降低趋势，构成水下边坡地貌。其中东侧水下地形较为平缓；西侧水下地形较为复杂多变，水下岸坡自北往南呈北陡南缓趋势。

（2）通过建立三维点云模型，快速、直观确定水下岸坡的形态、坡度、地势起伏、细部地形特征等信息。对桥梁基础水下岸坡淘蚀情况分析认为，水下岸坡东侧区域地形较为缓和，未见明显沟壑、裂缝、凸起等地貌；西侧区域存在较多坑洼地形，结合本区水下地形特征，坑洼区域主要为水下谷地和水下礁石的自然地貌，总体而言，并未发现因海浪冲刷造成的淘蚀、冲刷情况。

（3）利用覆盖范围广、分辨率高的多波束测深系统对桥梁基础岸坡进行扫测，能够快速获取桥梁基础水下岸坡的地形地貌、细部特征及病害信息等，进而为桥梁基础水下边（岸）坡的稳定性评价与安全检测提供基础数据，确保桥梁道路安全。与传统方法相比，多波束测深系统具有测量范围大、速度快、精度和效率高等优势，弥补了常规水下检测方法的不足，且对检测人员的安全有着极大的保障。

# 第 5 章　富水边坡低碳排水技术

"十滑九水"，坡体地下水是边坡产生失稳破坏的关键因素之一。浙江沿海地区常遭受长时梅雨和短时台风暴雨的侵扰，边坡受地下水影响频繁，导致边坡失稳破坏的情况时有发生。因此，"治坡先治水"，采取合适的措施降低坡体地下水位对于边坡安全运营至关重要。

本章提出了边坡排水自动化控制技术和双管可拆卸式仰斜排水技术。前者在偏远山区及用电不足的地方，采用太阳能作为能源，节能环保的同时可保证电力的持续供应，符合可持续发展理念；通过水位监测与自动控制装置实现自动降水，避免水泵长时间空转，保证系统长期、安全可靠运行，大幅节省人力，显著降低使用成本。后者采用双管形式，可方便拆卸，具有可重复利用，排水能力强、抗堵塞能力及耐久性良好等优点。

## 5.1　边坡排水自动化控制技术

### 5.1.1　管井降水存在问题

管井是一种常用的排出地下水的措施，可应用在各类工程建设中。但是，通过水泵配合管井实现边坡排水的传统方法，存在以下三个问题：

（1）运行水泵需要供电，在用电不足的地方及位于偏远山区的边坡工程，取电困难；

（2）为了保证降水效果，水泵处于常开状态，地下水降至安全水位以下后，排水设备仍在持续运转；

（3）即使在无水情况下，排水设备仍空转运行，这影响了排水设备的使用寿命，也增加了成本，造成了资源的浪费。

### 5.1.2　自动化排水技术原理

该技术主要利用自动控制技术和太阳能供电技术达到边坡坡体降水功能（图 5-1 和图 5-2）。针对不同运营环境，提出以下两种技术线路：一种是在供电困难的边坡上，自动排水装置联合太阳能供电技术进行排水自动控制；另一种是在有供电的区域，排水装置直接连接电源进行排水的自动控制。

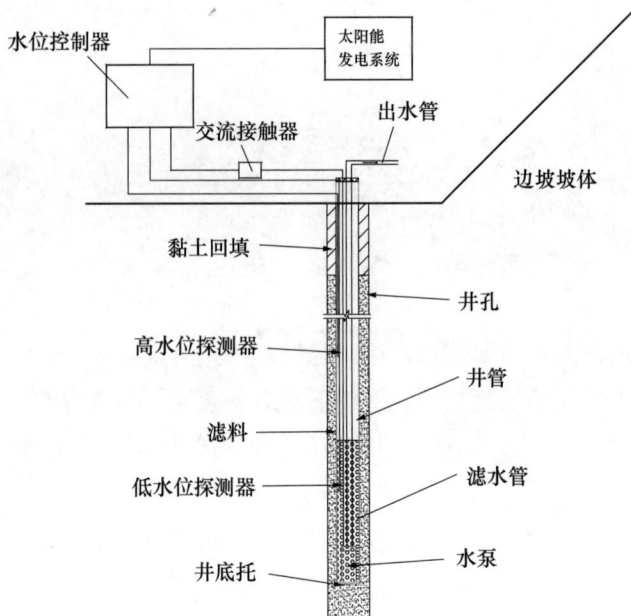

图 5-1 自动排水装置示意

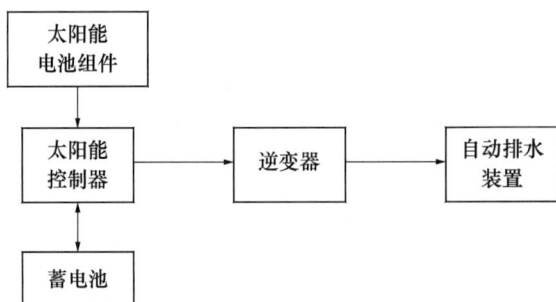

图 5-2 太阳能发电系统示意

### 5.1.2.1 自动控制技术

自动排水装置包括水泵、出水管、井管、滤水管、低水位探测器、高水位探测器、水位控制器以及交流接触器等。水泵置于滤水管内与出水管连接，该出水管的上端从井管中伸出，水泵经交流接触器与水位控制器相连接，低水位探测器和高水位探测器与水位控制器连接。

（1）水泵：采用潜水泵抽取地下水，其功率、流量和扬程等技术指标满足管井的出水量要求。

（2）出水管：底部连接水泵，顶部伸出管井，作为水泵将水从管井中排出的通道。

（3）井管、滤水管：主要采用镀锌钢管或铸铁管制成，外径 100～400mm，井管的下端设置滤水管，滤水管长度 2～3m，开孔孔径 5～10mm，开孔率 ≥ 15%，管外缠绕至少一层网片，井管底端设置井底托。

（4）滤料：井管外侧采用洁净无杂质的圆砾或中粗砂回填。

（5）高水位探测器、低水位探测器及水位控制器：高、低水位探测器的位置根据需要可进行调整，当同时监测有水或同时监测无水时才会使水位控制器做出相应的反应。当水位上升到高水位探测器安装位置及以上时，高水位探测器探测到有水，通过水位控制器启动水泵开始抽水；当水位下降到低水位探测器安装位置以下时，低水位探测器探测到无水，通过水位控制器关闭水泵停止抽水。

（6）交流接触器：由于水泵功率比较大，工作时产生的电流也较大，如果长时间工作，会减少水位控制器的使用年限。在水位控制器与水泵之间连接交流接触器可以频繁地开启或断开电流，以保护水位控制器、增加水位控制器的使用年限。

### 5.1.2.2　太阳能供电技术

太阳能发电系统由电源系统和控制保护系统组成，前者包含太阳能电池组件和蓄电池，后者包含太阳能控制器和逆变器。太阳能电池组件经太阳能控制器与逆变器相连，蓄电池与太阳能控制器相连，太阳能发电系统通过逆变器与水泵自动抽水装置相连。

（1）太阳能电池组件：太阳能电池组件是整个系统的核心部分，将太阳能转换为电能，启动自动排水装置运行，或送往蓄电池中存储。

（2）太阳能控制器：主要用于控制太阳能发电系统的工作状态，并对蓄电池起过充电保护、过放电保护，以及调节太阳能发电的输出功率，以获得最佳输出效率。

（3）蓄电池：当太阳能发电超过自动排水装置的用电需求时，蓄电池将多余的电能进行储存，在阴雨天气或夜间需要用电时再释放出来。

（4）逆变器：逆变器是太阳能发电和自动排水装置之间的"桥梁"。太阳能发电系统输出为直流电，而自动排水装置的运行需要交流电，这样太阳能发电不能直接向自动排水装置提供电源，因此，需要使用逆变器将直流电转换为交流电。

逆变器工作过程中，首先由太阳能电池组件将太阳能转换为电能，经过太阳能控制器、逆变器处理后为水泵自动抽水装置供电，多余的电能则由蓄电池储存备用，在阴雨天气或夜间再利用储备电能供电，起到持续工作、保障稳定供电的作用。

## 5.1.3　工程应用

### 5.1.3.1　工程概况

西堠门大桥于 2005 年 5 月 20 日正式开工，2009 年 12 月 25 日建成通车，是连接舟山本岛与宁波的舟山连岛工程五座跨海大桥中技术要求最高的特大型跨海桥梁，为主跨跨径 1650m 的两跨连续钢箱梁悬索桥，居世界第二、国内第一（截至 2009 年 12 月），其中钢箱梁全长位居世界第一。其南岸锚碇（图 5-3）采用重力式锚碇，主要分为锚块、散索鞍支墩及基础、连接部、前锚室四部分。南岸锚碇实施过程中，首先进行边坡分级放坡开挖，基底标高 0m；在锚碇施工完毕后，锚室外侧进行回填至现状地面；锚碇的东侧现状地面以上存在永久性高陡边坡，坡高 76m。

渗水现象主要位于东侧锚碇后锚室底部，并且该侧锚碇后锚室渗水也主要发生在靠山侧部分，日常渗水量比较稳定，约 0.03m³/d，雨后渗水出现最大值，约为 0.065 m³/d；另一侧只有轻微渗水受潮；西侧锚碇后锚室无渗水。前期对锚室渗水处进行了防水处理，但由于未准确查明渗水病害原因，治理效果不理想。

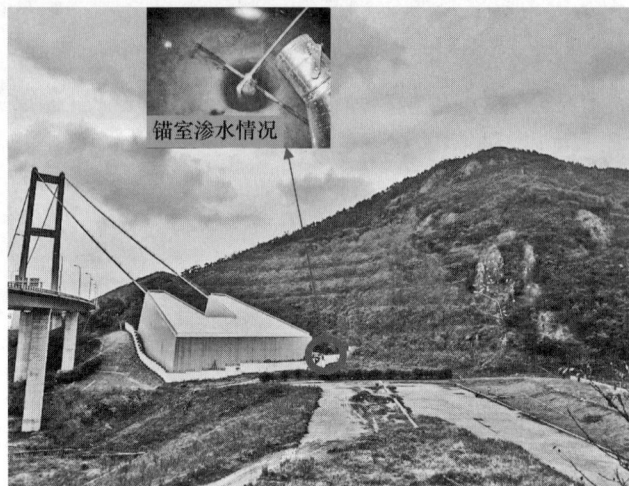

图 5-3　南岸锚碇全景

### 1. 地形地貌

工程区地形地势起伏变化较大，主要为火山岩类、侵入岩类等组成的侵蚀剥蚀海岛丘陵地貌。丘陵山峰高程 50～150m，山坡坡度较大，15°～45°，靠近海面坡体变陡，山脊处较缓，坡度＜15°。工程区主要为基岩裸露半裸露丘陵区，植被发育，以松树、灌木及草本植物为主。南岸锚碇东侧为锚碇建设开挖形成的人工边坡，坡高 76m，分台阶放坡，整体坡度约 49°，坡面采用锚杆挂网喷混凝土＋喷播绿化治理。工程区近海岸为基岩海岸，海蚀地貌较发育，以海蚀崖和海蚀沟（槽）为主，局部见海蚀洞。山麓堆积斜地主要见于南岸锚碇北西侧，分布有旱地，位于各山间坳谷和坡麓地带。

### 2. 地层岩性

地层岩性主要为上侏罗统九里坪组霏细斑岩，灰色、浅灰、深灰色；表部残坡积含黏性土碎石或含碎石亚黏土，在锚碇区两侧及上方普遍较薄，厚度 0.4～1.5m，在锚碇中部及下方较厚，厚度 4～11m 不等。锚碇两侧及上方近山脊顶部均见有强—弱风化基岩，呈片状裸露；强风化霏细斑岩大面积分布在锚碇区上表部，厚度较薄，0.5～1.5m，局部缓坡及下方凹沟处较厚，达 2.6～6.0m，岩体完整性差；弱风化霏细斑岩大面积分布在地表以下平均约 12.0m 深度以内，灰色、灰白色，斑状结构，块状构造，岩质坚硬，性脆，节理裂隙较发育，局部微细裂隙很发育，弱风化层厚度 5.0～11.0m；地表平均 12.0m 深度以下地层岩性为微—未风化霏细斑岩，灰色、青灰色、深灰色，岩质硬脆，节理裂隙不发育，局部较发育，岩体相对较完整。

在锚碇基坑开挖施工后采用回填土回填，为碎石黏土、强风化霏细斑岩、弱风化流纹岩及微风化流纹岩，各成分的组成含量不明确。回填土顶面 1m 以内重型压实不小于

95%，其余不小于 90%。

### 3. 地下水

场区内水文地质条件较简单，根据地下水的含水介质、赋存条件、水理性质和水力特征，分为松散岩类孔隙潜水和基岩裂隙水两类。

#### 5.1.3.2　病害原因分析

根据相关资料及现场调查情况，对西堠门大桥南岸锚碇渗水病害的原因分析如下：

（1）通过现场调查，锚碇前侧和东侧山体在雨期会有大量地表水流下，由于锚碇处于低洼位置，使得大量地表水汇聚到锚碇区。而山坡坡脚距锚碇周边截排水沟之间 2m 以上的距离范围内，地表未经处理，没有汇流措施。大量的山体地表水在流经该区间后直接下渗，无法汇聚到排水沟，使得锚碇周边地表截水排水设施不能有效工作。

（2）从基坑结构上看，锚碇基坑开挖至标高 0m 处，锚碇基底位于弱风化层，属于微透水。锚碇施工完毕后，进行基坑回填。回填土的渗透系数往往较大，相比锚碇基岩透水性较大，导致地表水下渗后不能从底部地层排走，从而聚集在锚碇基坑底部。由于基坑底部的排水管（沟）等排水设施失效，不能及时将聚集水排走，使聚集水越积越多，在强大水压作用下渗入锚碇内部。锚碇基坑周围的排水管大量堵塞失效，不能有效将下渗水及时排出，是锚碇渗水的重要原因。

（3）渗水病害发生在东侧（靠山侧）锚碇后锚室底部，且东侧锚碇后锚室内渗水也集中在靠山侧，另一侧只有局部渗水受潮，西侧锚碇无渗水。根据以上渗水位置判断，由于锚碇尺寸较大，对锚碇基坑的地下水形成了一道屏障。将大量下渗水堵在了东侧锚碇与山体之间，随着水量聚集增多，使得锚碇底部水压增大，为水渗入锚碇提供了动力。

（4）南岸锚碇西南侧约 100m 处有一处小型水库，该处水位较高，由于锚碇基坑大部分处于弱风化岩层，根据本区地质状况，弱风化岩层节理裂隙发育，透水性较强。因此，水库中的水会沿着弱风化岩层的裂隙向锚碇方向渗透，形成包围锚碇周围的裂隙水。

（5）由于锚碇混凝土自身防水性能的退化，使得结构自身不能有效地阻止周边地下水向锚碇体内部进行渗透，这是锚碇出现渗水病害的直接原因。

综合以上分析，渗水病害的原因总结如下：地形上锚碇位于低洼位置，且由于上层填土透水性强，下层基岩为微透水，锚碇区成为天然的汇水集水区。由于锚碇周边地表截排水设施不能有效工作，大量地表水下渗补给地下集水。此外，由于锚碇基坑大部分位于节理裂隙发育的弱风化岩层，使得锚碇后方水库水会沿岩层裂隙渗透至锚碇周围。在锚碇周边存在多种水源补给的情况下，锚碇基坑的排水设施堵塞，汇水无有效路径排出，使得集水越来越多，水压越来越大。在强大水压的作用下，加上结构自身防水能力的下降和防水层的性能退化，地下水通过锚碇底部和侧面混凝土裂缝或接缝渗入锚碇内部。

#### 5.1.3.3　方案设计

锚碇锚室渗水对锚室的正常运营造成严重影响。此外，锚碇外侧地下水未能及时排出，坡体地下水较高，长期储水造成高陡边坡坡脚岩体逐渐软化、抵抗变形能力减弱，对高陡边坡的稳定性存在一定的影响。

　　根据以上渗水原因分析，在锚碇区采用了排水自动控制技术，"以排为主"并结合一定的防、截水措施。排水方案描述如下：在锚碇东侧及后侧的外围 1m 处呈 L 形布置自动排水控制系统，间距 3m。抽出的地下水通过排水管集中排到附近的排水沟（图 5-4 和图 5-5）。

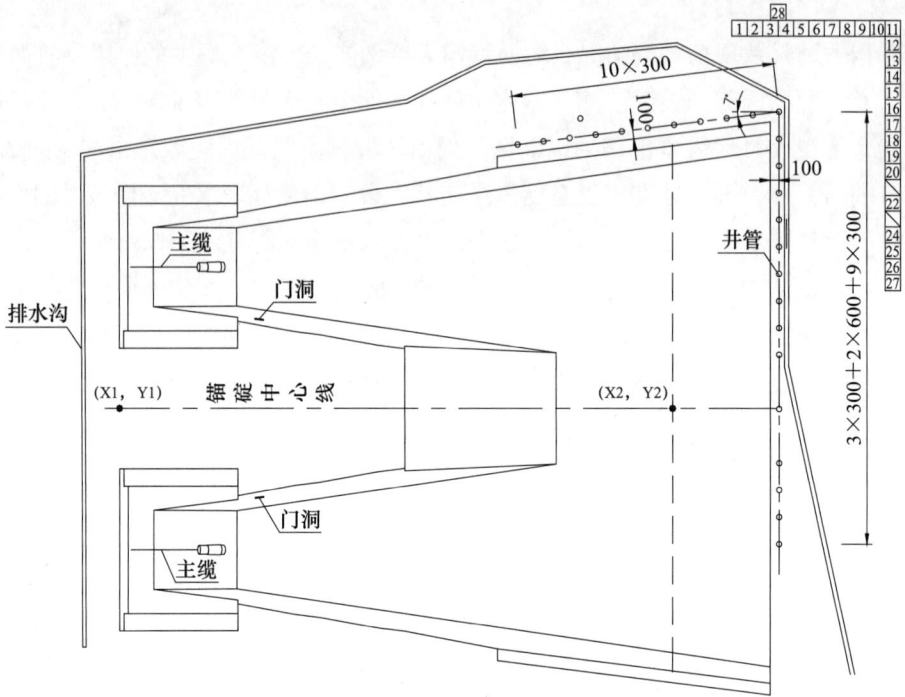

图 5-4　排水控制系统平面布置示意

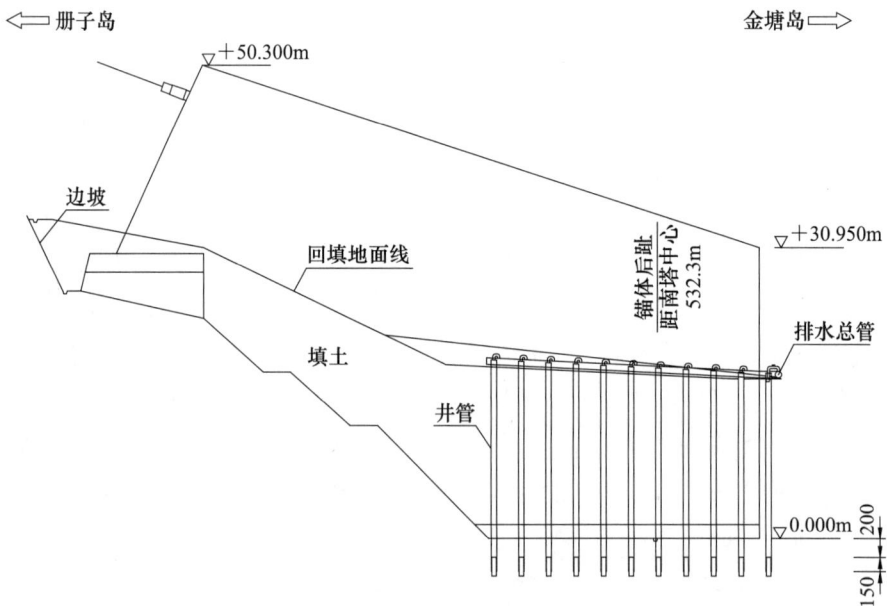

图 5-5　排水控制系统立面布置示意

具体实施步骤如下。

（1）定出井位、钻机就位、钻井孔，井管成孔孔径 220mm，管井平均深度约 24m，成孔深度比井管底深约 1m；

（2）准备好井管，在井管的下端设置滤水管，滤水管长度 2～3m，开孔孔径 5～10mm，开孔率≥ 15%，井管外缠绕至少一层网片，井管底端设置井底托；

（3）成孔完毕后，及时采用分节下沉方法沉设井管，在管口采用井帽封盖，以免杂物进入；

（4）将滤料回填至井管的外壁与井孔之间，回填滤料后，及时洗井，直至滤料和滤水管滤水畅通，再用黏土封填井口，防止地表水流入孔内；

（5）安装水泵、水位探测器等（图 5-6～图 5-8）。

图 5-6　排水控制系统安装完成

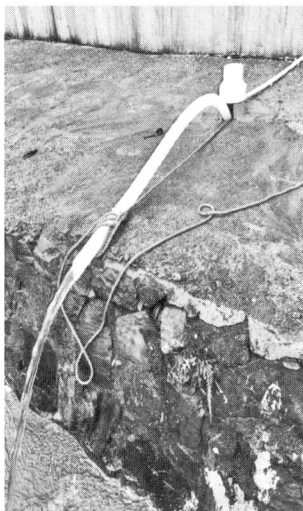

图 5-7　排水效果　　图 5-8　锚室渗水有效控制

#### 5.1.3.4　应用效果

相比常规的管井降水，边坡排水自动控制技术安全可靠、成本降低、成效显著。本次对西堠门大桥南岸锚碇的锚室渗水处外侧坡体主要采用边坡排水自动控制技术治理，经过治理后，取得了良好的效果。具体效果如下：

（1）减少了锚碇周边地表水的下渗并降低锚碇区周围岩土体内的地下水位，从而降低地下水的渗透压力，阻止地下水渗入锚碇锚室内，锚室渗水得到较好的控制。

（2）降低坡体地下水位后，也减小了岩土体的含水量，阻止边坡坡脚的长期软化，能够改善岩体的物理力学性质，提高边坡的稳定性。

## 5.2　双管可拆卸式仰斜排水技术

### 5.2.1　常规仰斜式排水存在问题

仰斜式排水管大多采用 PVC 管外包过滤层，前期使用效果会较好，但经过一段时间后，过滤层在一定的地质条件下，受物理、化学作用大多会发生堵塞，排水功能逐渐减弱，甚至失去排水作用，而排水管埋置于边坡坡体或结构物内无法维修，导致排水效果差，影响边坡安全稳定，其适用性较差。

### 5.2.2　可拆卸式仰斜排水技术原理

针对现有仰斜排水技术弊端，提出了一种排水效果好、能长期有效工作、避免堵塞的边坡排水方法，即双管可拆卸式仰斜排水技术（图 5-9）。

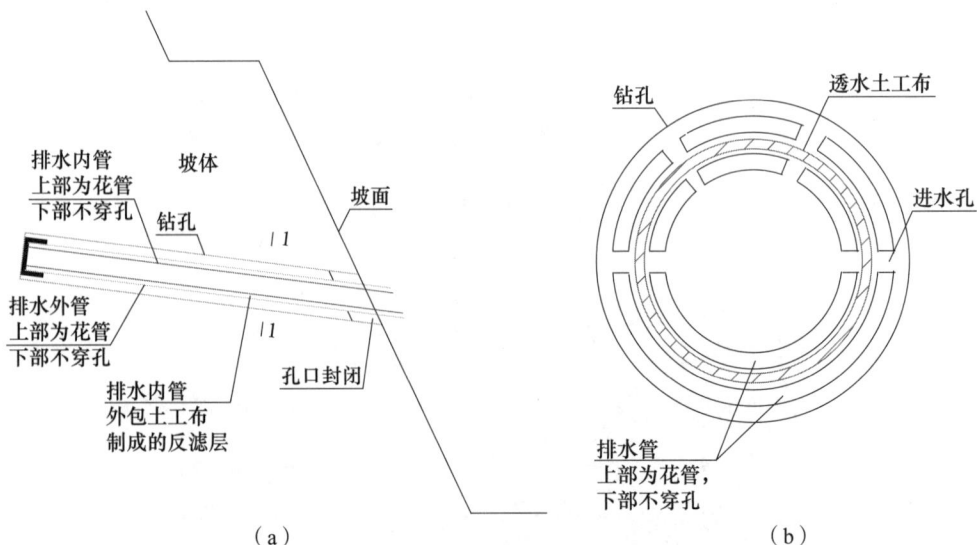

**图 5-9　仰斜排水孔结构**
（a）排水管结构；（b）1-1 剖面

双管可拆卸式仰斜排水结构简单、合理。排水内管在现有排水管的基础上增设了排水外管，排水外管与排水内管之间空隙用于包裹土工布反滤层。采用此排水结构，排水内管与排水外管均具有较好的透水性，反滤层使用一定时间后可抽出更换，避免了现有技术中反滤层长期使用无法更换导致排水内管堵塞的问题，排水效果好，可长期有效使用。

## 5.2.3 工程应用

### 5.2.3.1 工程概况

浙江某高速公路边坡高度 11.0m，二级放坡，第一级、第二级坡面坡率分别 1：0.1、1：0.75，分别采用浆砌块石挡土墙支挡、浆砌块石护面墙防护（图 5-10）。2013 年 9 月，登山队员在例行边坡隐患调查时，发现挡墙上部平台处原挡墙后缘裂缝有扩大迹象，已形成一条贯通性裂缝，新裂缝宽度最大达 5cm；二级边坡坡面发现坡面有局部隆起现象。边坡后缘无明显地表裂缝发育。

图 5-10 边坡全景

主要病害为：K298＋028～K298＋090 段第一级挡土墙出现大面积挤胀松动现象，墙面勾缝及砌体砂浆脱落开裂（图 5-11），并伴有挡土墙块石松动迹象（图 5-12）；K298＋048～K298＋090 段挡土墙顶（即第一级平台）出现沿边坡走向开裂，裂宽 1～5cm，边坡呈中间宽、向两端逐渐变窄的梭形发育。第二级护面墙局部有勾缝脱落，块石松动（图 5-13）及鼓胀隆起现象（图 5-14），其中鼓胀明显处主要在约 K298＋070 处第二级护面墙中上部，隆起高度 15～25cm，呈直径约 1.5m 的亚圆形。

#### 1. 地形地貌

场地属构造剥蚀低山丘陵地貌类型；植被较发育，地形起伏大，边坡区场地高程 130～200m。边坡所在丘陵山体呈近南北走向，山脊线自南向北渐低，山体自然坡度山脊线以东 20°～40°，坡体上陡下缓，山体自然坡度山脊线以西 35°～55°，山脊处普遍存在陡崖。山坡上长满了松木、灌木、蕨类和丛生的荆棘。

图 5-11　挡土墙勾缝及砌体砂浆开裂脱落

图 5-12　挡土墙块石松动

图 5-13　第二级护面墙勾缝脱落，块石松动

图 5-14　第二级护面墙鼓胀隆起

### 2. 地层岩性

根据勘察资料，本边坡涉及的主要地层如下所述。

（1）前第四纪地层

主要为上白垩统紫红色含砾砂岩或砾岩，上部为紫灰色角砾凝灰岩，且区内岩浆活动强烈，边坡区岩脉多见，岩性主要为斜长霏细斑岩和安山玢岩岩脉。其中中—微风化岩体主要为较软—较硬岩。强风化岩体呈暗红色；中—微风化呈紫红色。

③$_{2a}$ 层强风化角砾凝灰岩：褐黄色、紫红色，节理裂隙很发育，矿物多已风化蚀变，裂面见大量铁锰质渲染，岩石多呈碎块状，少数短柱状，强度低。主要分布于边坡区中下部，为基岩表部风化形成，基岩露头可用镐沿裂隙面挖掘，局部性质较差，锤击易碎，其厚度 0.7～2.5m，局部较厚。RQD 小于 5%。

③$_{3a}$ 层中等风化角砾凝灰岩：灰紫色、紫红色，岩石较新鲜且较坚硬，岩芯一般呈柱状，节理裂隙较发育，原生裂隙面较明显，次生裂隙发育，裂面风化程度较强，铁锰质渲染严重，节理裂隙倾角 30°～45° 多见。该层分布于场地山体上部，岩芯多呈短柱状、柱状，RQD 30%～75%，揭露厚度 10.2m，山脊处大量分布。该层岩体为较硬岩—坚硬岩，

岩体完整性较完整，局部较破碎，岩体基本质量等级为Ⅲ级，局部Ⅳ级。

③₂ᵦ层强风化含砾砂岩、砂砾岩：紫红色，节理裂隙很发育，矿物多已风化蚀变，裂面见大量铁锰质渲染，岩石多呈碎块状，少数短柱状，强度低。主要分布于边坡区中下部，为基岩表部风化形成，基岩露头可用镐沿裂隙面挖掘，局部性质较差，锤击易碎，其厚度 0.7～3.1m，局部较厚。RQD 小于 5%。

③₃ᵦ层中等风化含砾砂岩、砂砾岩：局部为砾岩，紫红色，岩石较新鲜，较软—较坚硬，节理裂隙较发育—发育，节理裂隙倾角 30°～55°、70°～85° 多见，原生裂隙面较明显，充填方解石脉，裂面见铁锰质渲染，风化程度较弱，锤击不易敲碎。广泛分布于边坡区及其中下部，最大揭露厚度 7.5m。岩体为较软岩，RQD 30%～50%，局部达到 80%，个别钻孔岩芯破碎，RQD 小于 5%。岩体完整性一般较破碎—破碎，局部极破碎，岩体基本质量等级为Ⅳ～Ⅴ级。

③₄层微—未风化基岩：紫红色为主，节理裂隙较发育，风化程度极弱，锤击声脆，勘查未揭见。

③₂ᵪ层强风化斜长霏细斑岩岩脉：浅灰绿色，局部夹褐黄色，节理裂隙很发育，矿物多已风化蚀变，裂面见大量铁锰质渲染，岩石多呈碎块状，少数短柱状，强度低。主要分布于边坡区中下部，为基岩表部风化形成，基岩露头可用镐沿裂隙面挖掘，局部性质较差，锤击易碎，其厚度 0.7～1.7m，局部较厚。RQD 小于 5%。

③₃ᵪ层中等风化斜长霏细斑岩和安山玢岩岩脉：霏细斑岩岩脉主要以浅灰绿色为主，边缘夹紫红色，岩芯主要以柱状为主，节理裂隙较发育—发育，节理裂隙倾角 30°～40°、55°～85° 多见，原生裂隙面较明显，少数充填方解石脉，次生裂隙发育，裂面风化程度较强，铁锰质渲染严重，揭露厚度 4.9m。该层岩体为较软岩，RQD 60%～100%。岩体较完整—完整，局部较破碎，岩体基本质量等级为Ⅳ级。安山玢岩岩脉主要为灰绿色，岩芯主要以柱状夹碎块状为主，节理裂隙较发育—发育，节理裂隙倾角 35°～68° 多见，原生裂隙面较明显，充填方解石脉，次生裂隙发育，裂面风化程度较强，铁锰质渲染严重，该层仅个别钻孔内揭露，揭露厚度 2.6m。岩体为较软岩，RQD 10%～20%。岩体较完整—完整，局部较破碎，岩体基本质量等级为Ⅳ级。

（2）第四纪地层

主要为残坡积土层和风化松动破碎岩体，近坡脚处厚度较大，11.6～12.7m，自坡脚向上渐变薄，山顶处缺失，基岩出露。根据其岩性特征，将其分为两层，即一层混砾砂粉质黏土和一层含黏性土块石。现自上而下分述如下。

一层混砾砂粉质黏土：灰黄色，可塑／松散—稍密，厚层状，中低压缩性，表部以含黏性土砾砂为主，角砾径 2～20mm，含量 20%～30%，碎石径主要为 20～50mm，含量 10%～15% 不等，角砾、碎石多呈全—强风化状，其余主要为黏性土和砂质及粉土充填。场地分布较普遍，近山脊处缺失，为残积、坡积土，揭露层厚 0.5～5.4m。

一层含黏性土块石：褐黄色，杂色，岩芯呈碎块状，铁锰质渲染严重，碎石块多数手可掰开，主要以全—强风化状为主，少数较坚硬，为强—中风化状，局部为中等—微风化状。该层以块石为主，粒径 30～50cm，少数呈连续柱状岩芯，或为巨石，边坡坡面上多见块石分布，直径最大可达 3m 以上。层块石含量 60% 以上，碎石占 20%～30%，含黏性土 5%～15%，局部含量较高。

### 3. 水文地质条件

根据地下水的含水介质、赋存条件、水理性质和水力特征，分为松散岩类孔隙潜水和基岩裂隙水两种类型，其中松散岩类孔隙水主要为孔隙潜水。

（1）松散岩类孔隙潜水

主要赋存于上部残坡积混砾砂粉质黏土和含黏性土块石层中，分布在山体斜坡浅表部及上部。由于其渗透性较好，故富水性较差，主要接受雨水的入渗补给，并向下渗入基岩裂隙中或沿坡体向下游渗流排泄。覆盖层赋存的孔隙潜水水量不大，但动态变化较大，雨季水位迅速上升，水位 3.1～5.7m，旱季水位下降，甚至无水。其涌水量小于 1.8m$^3$/h。

（2）基岩裂隙水

含水介质为晚白垩统含砾砂岩或砾岩，大的张性断裂构造不发育，虽节理裂隙很发育，但多充填方解石脉，且山体坡度较陡，汇水面积小，没有良好的储水空间，故基岩裂隙水水量贫乏，主要受大气降水和上覆孔隙潜水补给，沿坡脚或坡体中部渗流排泄。主要分布于中风化及其以上部位，赋水条件较差，水量贫乏。

## 5.2.3.2 处治方案

针对该边坡坡面病害形态及地质环境条件，采取地表封闭、地下排水、注浆加固等处治方案。其中地下排水采用仰斜排水孔，详述如下。

边坡第二级护面墙 K298＋028～K298＋090 段布置第一排仰斜排水孔，K298＋035～K298＋080 段增设第二排仰斜排水孔，孔深有 20m 和 24m 两种，水平间距 3m，菱形布置，第一排排水孔距离坡脚垂直距离 4m，第二排排水孔距离坡脚垂直距离 6m，仰角 7°，钻孔孔径 130mm，内设双层（90mm、63mm）带孔塑料排水管。如图 5-15～图 5-19 所示。

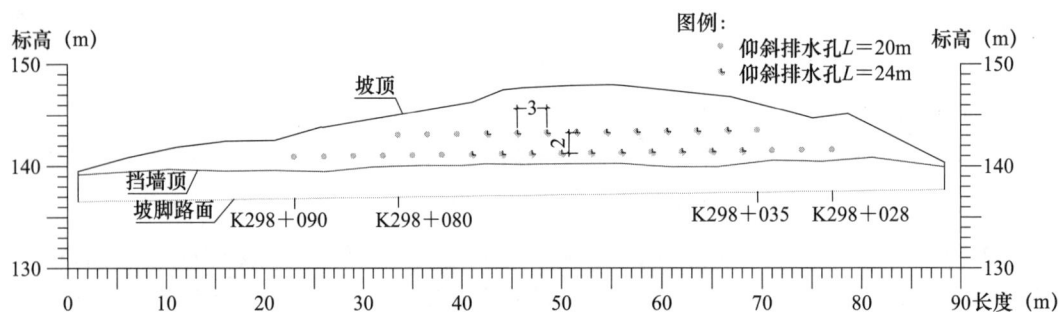

图 5-15　仰斜排水孔立面布置

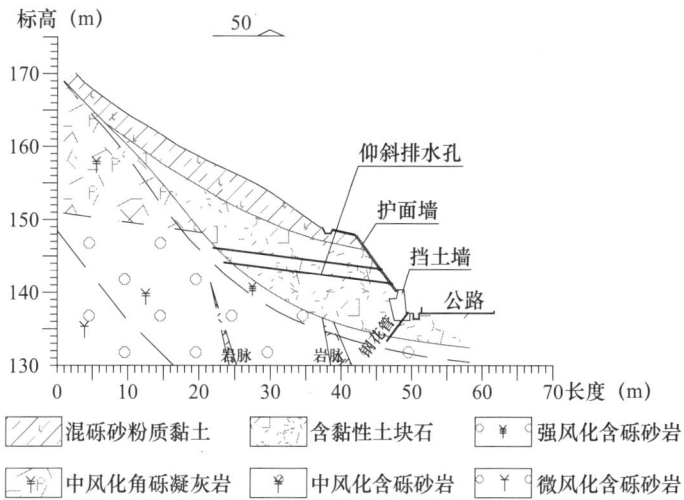

图 5-16 典型治理剖面

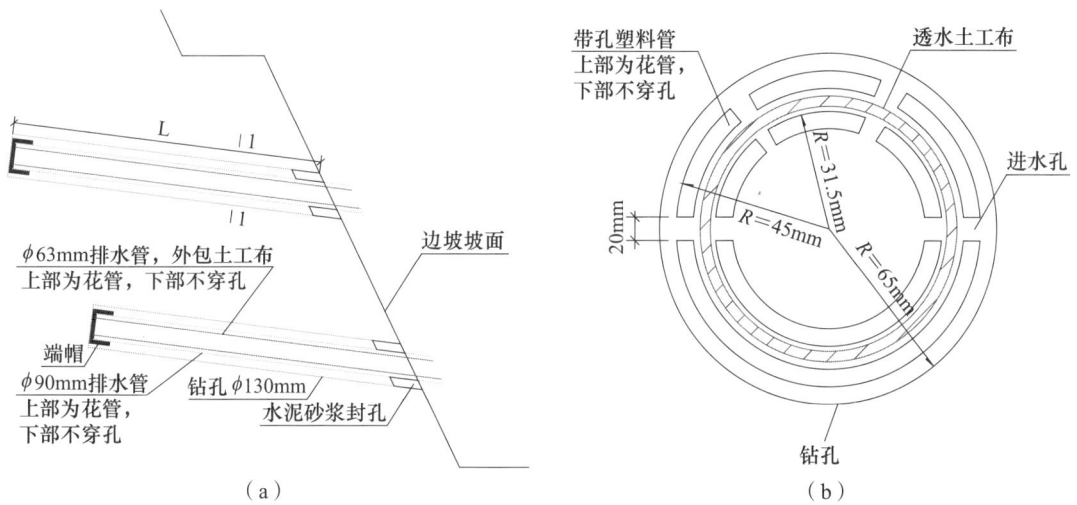

（a） （b）

图 5-17 仰斜排水孔结构

（a）排水管结构；（b）1-1 剖面

图 5-18 排水管完成安装

图 5-19 排水管实施效果

### 1. 材料选择

（1）排水管采用穿孔 PVC 管，外管、内管直径分别为 90mm、63mm。

（2）排水内管外包采用的透水土工布，单位面积重量不小于 300g/m²。

### 2. 钻孔

（1）钻孔前，根据要求和地层条件，定出孔位、做出标记。

（2）钻机就位后，应保持平稳，导杆或立轴与钻杆倾角一致，并在同一轴线上，应采取相应的保直措施，防止因钻具自重导致钻孔下斜，出现反坡，影响排水效果。钻孔循环介质最好采用高压空气或高黏度钻井液，一般不采用清水，防止循环水渗入坡体，对边坡造成不利影响。

（3）根据岩层条件可选择岩芯钻进，也可选择无岩芯钻进。

（4）在钻进过程中，应精心操作，合理掌握钻进参数及钻进速度，防止埋钻、卡钻等各种孔内事故。一旦发生孔内事故，应争取一切时间尽快处理。

### 3. 排水管的制作及安装

（1）排水管的制作主要是排水花孔钻孔，排水花孔沿管壁纵向每间隔 10cm 钻孔，孔径 20mm，仅上半部分钻孔，下半部分不透水。

（2）排水内管渗水段裹 1～2 层无纺土工布，防止渗水孔堵塞。土工布反滤层采用缝合法施工时，土工布的搭接宽度应大于 100mm。

（3）为便于安装排水外管、排水内管，排水管端部设置排水管定位用的端帽，也能够保证外管、内管的牢固连接，方便后期更换过滤层。

（4）钻孔完成后，及时安装排水管，防止经过一定时间后塌孔，导致排水管安装困难。

（5）排水孔排水管安装后，对孔口向内 30cm 采用不低于 M25 的水泥砂浆封堵。

## 5.2.3.3 应用效果

对浙江某高速公路边坡采用双管可拆卸式仰斜排水技术，经过一定时间的观测，发现边坡排水良好，有效改善了边坡岩土体物理力学性质，边坡变形得到有效控制，边坡稳定性明显提高。

相比常规的仰斜式排水管，双管可拆卸式仰斜排水管具有施工简便、可以更换、可重复利用的优点，排水能力、抗堵塞能力及耐久性更佳。

# 第6章  边坡生态防护技术

2005年，时任浙江省委书记习近平在浙江湖州安吉考察时，提出了"绿水青山就是金山银山"的科学论断，党的十八大也将生态文明建设纳入"五位一体"总体布局，提出了坚持节约资源和保护环境的基本国策。

近十几年来，浙江省经济快速发展，大规模的工程建设，如矿山开采、房屋建设、水利交通建设、海岛陆域形成等工程，在为经济建设作出巨大贡献的同时，也遗留下来一大批人工边坡，破坏了原有和谐的自然景观，使得原来绿树成荫的生态"青山"变成了千疮百孔的裸露"白山"。这些人工边坡既包括位于重点建设区的大型高陡边坡，也包括聚集在线路工程两侧的严重影响视觉生态的开挖处治边坡，往往因为岩质表面缺少足够的土壤环境，使得边坡复绿工程养护成为生态修复成功的关键。

基于此，分别研发了针对大开挖岩质边坡复绿工程的智能化喷灌养护技术和针对硬质刚性支护结构的免养护生境构建技术，形成了适应性强（大而广和小而精）、高低搭配（养护强度）的边坡生态防护技术。

## 6.1  常见边坡坡面绿化技术

目前，岩质边坡坡面绿化技术主要有三维网喷播植草、液力喷播、厚层基材喷播等，几种常见的边坡绿化形式如下。

### 1. 三维网喷播植草绿化

该项技术是在坡面铺设三维植被网，用液压喷播法进行植被防护。三维网也称固土网垫，多以聚乙烯、聚丙烯材料为主，将高聚合物的薄膜经由规律地刺孔、加热、拉伸而成。三维网的底层为高模量基础层（双向拉伸平面网），其强度较高，表层为多层塑料凸凹网包，表层与底层在交接点处经热熔点黏结形成稳定的立体网状结构（图6-1）。无腐蚀性，化学性能稳定。

三维网质地疏松、柔软，留有90%的空间可填充土壤，在植被未成坪前能有效防止水土流失，保护坡面免受风、雨、洪水的侵蚀；草籽种上后，其能牢固地保护草籽均匀地分布在坡面上，并可使植物的根系穿过凸凹网包舒适、整齐、均衡地生长，并与边坡土壤更好地结合。成活后的草皮可使三维网与草皮及所附着的泥土形成牢固的嵌锁体系，从而可有效防止水土流失，保护边坡，形成坡面绿色复合保护层，同时达到改善生态环境的目的（图 6-2 和图 6-3）。三维网通过以下 3 个途径加强对边坡的浅层防护：一是在一定的边坡厚度范围内，通过自身致密的覆盖防止坡表土壤直接遭受雨水、泥沙流的冲蚀，减少冲刷时的能量，减少地表径流速度，从而减小土粒的流失率。二是由于三维网的存在，其草灌木的庞大根部系统与三维网的网筋连接在一起，形成一个板块结构，从而增加防护层的抗张拉强度和抗剪强度，限制因冲蚀情况引起的"逐渐破坏"现象的扩展，最终限制坡表浅层滑动和隆起的发生。三是通过植物的生长改良边坡土壤结构，逐渐提高边坡土壤的抗侵蚀能力。

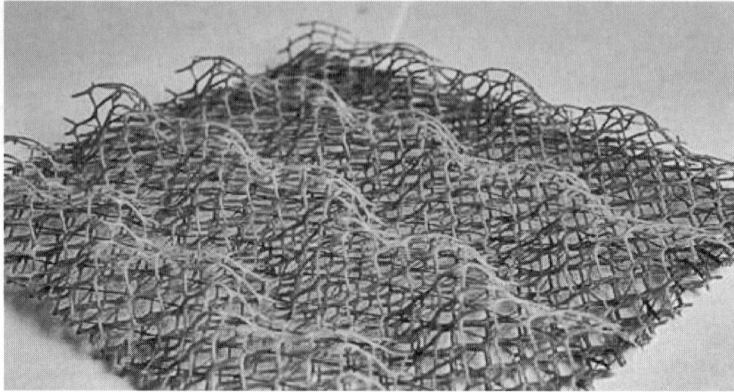

图 6-1　三维网结构

图 6-2　三维网喷播绿化施工

图 6-3　三维网喷播绿化施工后

　　三维网喷播植草护坡可应用于边坡自身稳定，但地表水较多，易造成坡面冲刷，水土流失或浅表层局部滑动的边坡，边坡坡率应缓于 1∶1。选择草种时，要求草种生命力强、抗病性强、根系发达、枯黄期短。采用暖季型、冷季型混播，力求四季常青。

### 2. 液力喷播坡面绿化

　　液力喷播坡面绿化技术是利用高压喷附设备将相关添加材料、植物种子，以水为介质，混合喷附到坡面形成植被层的一种植被恢复技术。其原理是利用喷播设备将植被种子、水、木质纤维、黏合剂、保水剂、肥料等加水搅拌混合后，通过特制喷混系统（专用喷播机）喷播到待播表面，从而形成均匀的基质覆盖层（图 6-4 和图 6-5）。此覆盖层中的多余水分渗入土表，纤维通过黏合剂黏合形成物理强度。保水剂形成半渗透的保湿表层，大大减少水分蒸发，为种子发芽提供水分、养分和荫蔽条件。由于所形成的纤维覆盖层有物理强度、吸水保湿及提供氧分等作用，故可遇风不吹失、遇降雨或浇水不冲失，有抗旱及固种保苗效果。从而达到恢复植被、改善景观、保护环境的目的。其造价低、形成植被覆盖快，效果好，很大程度降低了后期的养护工作量，是行之有效的坡面植被恢复技术模式，适用于土质、土石混合边坡、坡度缓于 1∶1.5～1∶2.0 的稳定坡面。当坡度超过 1∶1.25 时应结合其他方法使用，当坡高超过 10m 时，需要进行分级处理。

图 6-4　液力喷播坡面绿化技术施工

图 6-5　液力喷播坡面绿化技术施工后

### 3. 厚层基材喷播绿化

厚层基材喷播（TBS）技术是采用专用的喷射机将植物生长基质材料与植物灌草种等混合物按照设计厚度喷射到坡面，使得植物种可以生根、发芽、生长，最终达到恢复植被、改善景观目的的综合性边坡生态植被恢复技术（图 6-6～图 6-8），可与边坡柔性防护体系良好结合。

图 6-6　厚层基材喷播绿化施工前

图 6-7　厚层基材喷播绿化施工中

图 6-8　厚层基材喷播绿化施工后

### 4. 骨架植被护坡绿化

骨架植被护坡是指浆砌片石或钢筋混凝土在坡面形成框架，并结合铺草皮、三维植被网、土工格室、喷播植草、栽苗木等方法形成的一种生态护坡技术（图 6-9 和图 6-10）。该绿化技术适用于土质边坡或土石边坡，强风化、全风化岩石边坡也可应用，适应边坡坡率 1∶1～1∶1.5，也可用于每级边坡不高于 10m 的稳定边坡。

图 6-9　浆砌片石拱形骨架植草护坡

图 6-10　钢筋混凝土骨架植草护坡

技术特点：（1）可在植被恢复初期防止水土流失，稳定边坡表层；（2）可以有效拦截降雨径流，防止雨水对坡面的冲刷以及为植被生长补充水分；（3）骨架具有一定防护功能，在一定程度上能减少坡体浅表层滑塌。

### 5. 预应力锚杆（索）框架地梁植被护坡

由钻孔穿过软弱岩土层或滑动面，把锚杆一端锚固在稳定的岩层中，然后在自由端进行张拉，从而对岩土层施加压力并对不稳定岩土体进行锚固，达到既固定框架又加固坡体的效果，最后在框架内植草护坡（图 6-11 和图 6-12），其适用于用锚杆（索）加固的高陡岩石边坡，边坡坡率不宜大于 1 : 0.5，高度不受限制，可视岩土性质分级设平台。

图 6-11　预应力锚索框架地梁植被护坡施工

图 6-12　预应力锚索框架地梁植被护坡施工后

### 6. 土工格室坡面绿化

土工格室坡面绿化防护技术是将土工格室固定在植物生长缺少土壤条件和表层稳定性差的坡面上，然后在土工格室内充填种植土、撒播，可进行喷播，亦可结合其他形式搭配使用。适宜于岩质、土石混合、土质的稳定挖填边坡，一般适用于坡率不陡于 1 : 1 的边坡，坡高超过 10m 后应进行分级处理（图 6-13）。

（a）

（b）

图 6-13　土工格室坡面绿化

（a）施工中；（b）施工后

### 7. 生态袋边坡防护绿化

生态袋边坡防护绿化是选用一种生态环保的袋子填充适合植被生长的基质，为永久的植被绿化提供理想的播种模块的统称（图6-14）。生态袋选用高质量的环保材料，是由聚丙烯（PP）或者聚酯纤维（PET）为原材料制成的双面熨烫针刺无纺布加工而成的袋子，具有透水不透土的过滤功能，对植物根系友好，易于植物生长，产品永不降解、抗老化、抗紫外线、无毒、百分之百可回收，使用寿命长达70年，袋体柔软，整体性好。将装满植物生长基质的生态袋沿边坡表面层层堆叠，通过专门的连接配件将袋与袋之间、层与层之间紧密地结合起来覆贴于边坡之上；同时在袋面进行播种或栽植植物，随着植物的生长，根系的延伸，固着力增强，更进一步将袋体与边坡固定。采用生态袋护坡系统可以在边坡表面创造出30~40cm甚至更厚的植物生长环境，为种植小型灌木、草本植物、小乔木等提供了良好的生长基础。

生态袋施工后形成生态挡土墙，一方面通过植被起到绿化美化环境的作用；另一方面可以起到护坡的作用，可有效地进行边坡防护。该绿化技术在土质、土石混合、岩质坡面均可使用，适用于1:1~1:4的坡面，并常用于陡直坡脚拦挡和植被恢复。对于较陡的坡面或坡高大于10m，应进行分级处理。

（a）                                （b）

图6-14　生态袋边坡护坡绿化施工

### 8. 岩面（防护面）垂直绿化

岩面垂直绿化技术是利用岩石边坡微凹地形、平台及坡脚，用高强度砂浆砌石、砖砌或项目其他可利用材料，筑成槽穴状（形成种植槽）承载物，然后回填种植土栽灌草、藤本植物，实现裸露岩面植被覆盖的坡面绿化技术（图6-15）。该技术可解决坡度陡、坡面稳定但坡面凹凸不平的岩质边坡的绿化问题，但其相对其他绿化技术见效时间较长。

### 9. 高次团粒混合纤维法喷播绿化

高次团粒混合纤维法喷播绿化是目前国内最先进的裸坡生态恢复技术之一，将由本地土、缓释肥、有机纤维、高次团粒剂及土壤改良剂等材料搅拌成流动性的泥浆状混合材料后，通过专用设备喷射，在喷播瞬间与土壤团粒剂混合，发生团粒化反应，形成与自然界表土具有相同高次团粒结构的人造植物生长基质（图 6-16）。基质稳定后具有一定的力学强度，不流失、不龟裂、抗冲刷、抗融冻，形成蜂巢结构，非常适宜植物生长。恢复速度快，适用于坡比 1∶0.2～1∶1 的岩质边坡。

（a）　　　　　　　　　　　　（b）

**图 6-15　岩面（防护面）垂直绿化**
（a）坡脚种植槽绿化；（b）防护坡面垂直绿化

（a）　　　　　　　　　　　　（b）

**图 6-16　高次团粒混合纤维法喷播绿化**
（a）施工中；（b）施工完成后

## 10. 加筋椰纤维毯（CF 网毯）绿化

加筋椰纤维毯（CF 网毯）绿化是由种植土、有机质、保水剂、纤维材料、缓释肥等配制成的客土基材加上植物种子通过喷射机喷射至坡面，同时在表层铺设具有较高抗冲刷的 CF 网毯并固定（图 6-17）。由于土壤表层被椰毯覆盖，雨水对土壤的冲刷会大大降低，且该产品给植物根系提供理想的生长环境（保温、更有利于吸水、防表面冲刷、均衡种子的出芽率等），防止水土流失。加劲椰纤维毯在应用时，不需要撤除，一方面植物可以从椰毯中生长出来，另一方面它可以降解，降解后变成植物生长需要的有机肥料，非常环保。适用于坡比不大于 1∶1 且易冲刷的土质或破碎的岩质边坡。

（a）　　　　　　　　　　　　（b）

**图 6-17　加筋椰纤维毯绿化**

（a）施工中；（b）施工完成后

### 11. 植被型生态混凝土绿化

生态混凝土绿化技术在近年来发展迅速，其中植被型生态混凝土是生态混凝土的一种，具有连续孔隙，水与空气能够很容易通过或存在于其连续通道内（图 6-18）。与普通混凝土相比，植被型生态混凝土的强度和耐久性都有所不及，但其具有极为广泛的应用前景。日本率先开展了植被型生态混凝土的研究，并在 2000 年成立了绿化混凝土协会，进一步推动了植被型生态混凝土的快速发展；美国及欧洲发达国家自 20 世纪末也相继开展了生态混凝土的研究和开发；韩国与日本环境株式会社开发并研制了一种生态混凝土砖。开发和利用植被型生态混凝土在我国越来越受到重视。胡德熙等研制了护坡型植被混凝土；吉林水利实业公司利用废砖石作骨料研制出一种环保型混凝土护砌材料，并对植被型生态混凝土上草坪植物所需营养元素及供给进行了研究；武汉理工大学等高校和科研院所对工程边坡绿化技术进行了研究，特别是对铁路绿色通道喷混凝土植草技术进行了探索，对植物相容性与力学性能也进行了研究。

（a）　　　　　　　　　　　　（b）

**图 6-18　蜂窝状孔隙植被型生态混凝土绿化技术**

（a）施工中；（b）施工完成三年后

植被型生态混凝土主要类型包括孔洞型植被型生态混凝土、敷设式植被型生态混凝土、随机多孔型植被型生态混凝土、复合随机多孔型植被型生态混凝土、轻质植被型生态混凝土、"沙琪玛骨架"植被型生态混凝土、自适应植被混凝土、护堤植被型生态混凝土等。根据实际情况，可以调整植被型生态混凝土的材料组成、孔隙率、pH 值、孔隙填充物和力学强度等。

植被型生态混凝土主要用于高陡岩石边坡治理、矿山采石场生态修复、山体植被重建、河道护坡、库区消落带（包括河流、大坝、蓄水池及道路两侧的倾斜面治理）等。选用植被型生态混凝土主要需要考虑其施工可行性和维护保养等问题。

## 6.2 高陡边坡智能化喷灌养护技术

针对边坡绿化工程，传统的人工养护需工作人员上下边坡，存在以下问题：① 此类边坡高陡、坡面面积大，夏季极端情况下，要在灌溉周期内将坡面全部喷灌一遍，需要投入大量的人力、物力；② 人工喷灌质量受主观因素影响不易把控，坡面易因人工喷灌作业操作不当引起局部冲刷，影响坡面绿化效果，甚至影响边坡浅表层稳定；③ 有些高陡边坡缺乏作业平台，工作人员难以到达，且高边坡临边作业，极易造成安全生产事故。

喷灌系统能够很好地解决以上人工喷灌作业带来的问题，但目前已有的喷灌系统设计方法大多适用于水平田间或坡度较缓的地面，人工高陡边坡工程具有坡度大（往往大于45°）、坡体高（一般分多级放坡，高者可达 100m 以上）的特点，规模大，一般的喷灌系统难以适用。

目前，此类高陡边坡的绿化工程一般在边坡加固工程实施的时候由具有相应资质的单位设计、施工，绿化养护灌溉系统作为绿化工程的辅助措施，并未如主体加固防护工程一样受到边坡设计单位的重视，其设计往往较为粗放，远未达到精细化设计的程度。近年来，自动化喷灌系统已在高陡边坡绿化工程中崭露头角，但所谓的自动化往往并非是真正意义上的完全自动化，仍需要较多的人工参与，与智能化存在一定差距。

综上所述，此类高陡岩质边坡的大面积坡面绿化工程养护已成为一大难题，传统的绿化灌溉方式已经难以满足此类高陡边坡的实际需要，亟须研发一套精细化的设计方法及自动化喷灌控制系统。

本节首先对自动化喷灌系统的技术原理及喷灌系统精细化设计流程进行详细介绍，并针对某海域岛礁的大规模岩质边坡复绿工程采用本技术进行喷灌系统的总体布置及喷灌方案设计，取得了良好的应用效果。

### 6.2.1 技术原理

#### 6.2.1.1 自动控制系统工作原理

采用解码器＋电磁阀系统实现对喷灌系统的智能化控制，主要部件有控制器、信号线、解码器和电磁阀。坡脚位置设置总控制台,总控制台通过信号线连接解码器,每个解码器连接一个电磁阀,通过坡脚总控制台发射电信号,解码器接收总控制台信号后开启或关闭电磁阀。控制台根据轮灌制度设定电磁阀的开启时间及开启顺序,从而实现喷灌系统的自动控制(图6-19)。

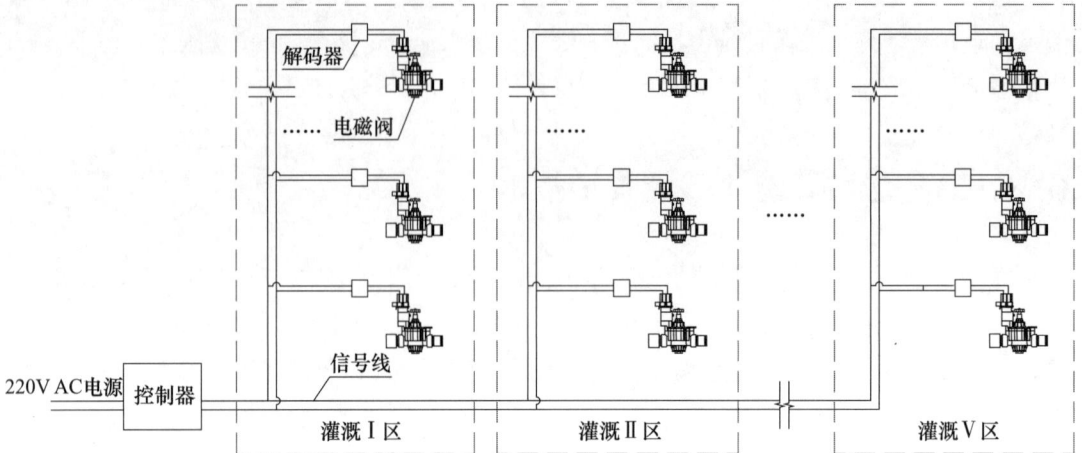

**图6-19 自动控制系统示意**

控制信号线路外套 PVC 电工套管进行保护,电磁阀、解码器应安装阀门箱进行保护,针对海域岛礁的地理环境还应沿控制线一定距离及信号线末端设置相应的防雷设施。

### 6.2.1.2 喷灌系统精细化设计

高陡边坡工程的自动化喷灌系统设计应根据当地的气候、地形条件选取合理的布置方式,做到因地制宜。结合高陡边坡工程的特点,总结自动化喷灌系统设计总体步骤如下。

首先进行前期准备工作,包括收集工程资料、地形测量及现场调查等,根据绿化植物的种类及气象资料计算绿化植被蒸腾量和设计灌水定额,并根据植物蒸腾量及设计灌水定额计算设计灌水周期,同时进行喷头的选型,根据风速、风向等参数确定喷头组合间距。另外,根据边坡地形初定蓄水池位置及型式,初步布置输配水管网,结合喷头组合间距,布置喷灌喷头。在此基础上,确定喷灌工作参数(一个工作位置的喷灌时间、一天工作位置数、同时工作的喷头数),拟定灌溉分区,并确定灌溉制度。根据灌溉制度布置自动控制系统,根据初定的输配水管网进行水力计算,从而确定管道尺寸规格,并根据灌溉区设计水头及流量,进行灌溉泵选型、蓄水池体积及尺寸计算。设计流程如图6-20所示。

#### 1. 前期工作准备

前期工作准备包括收集工程资料、测量及调查等。

收集工程资料:收集喷灌工程所在区域的气象资料(风向、风速、海拔、经纬度、气温、湿度、日照、降水、气压等);查明坡面绿化植被种类、绿化基质(土壤)类型、重度、厚度。对收集的各种工程资料,应进行必要的核实和分析,做到选用资料真实、准确。

测量及调查:对喷灌区域进行地形测量、现场踏勘、周边环境调查等前期工作。

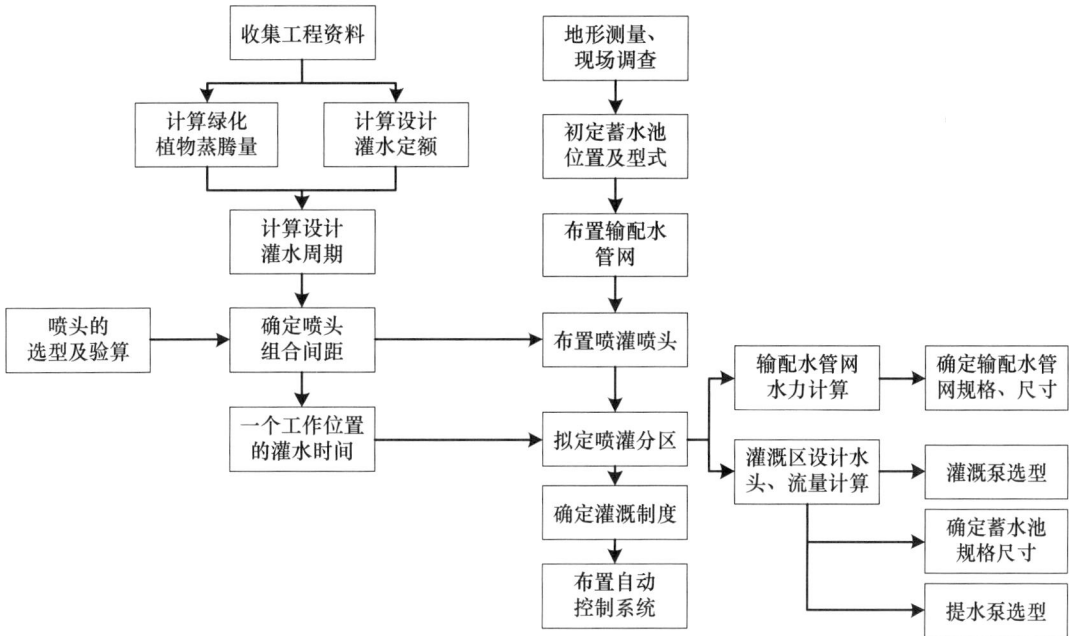

**图 6-20　边坡精细化喷灌系统设计流程**

### 2. 计算设计灌水定额及绿化植物蒸腾量

计算设计灌水定额：

$$m = 0.1\gamma h(\beta_1' - \beta_2') \tag{6-1}$$

式中，$m$ 为设计灌水定额（mm）；$\gamma$ 为土壤重度，g/cm³，可对坡面绿化基质进行实地取样后采用环刀法、蜡封法获取；$h$ 为计划土壤湿润深度（cm），沿海山区边坡采用喷播绿化方式进行坡面生态复绿，取为绿化基材厚度，多介于 8~12cm，根据实地测量获取；$\beta_1'$、$\beta_2'$ 分别为适宜土壤含水量上、下限（重量百分比）。

根据绿化植物的种类及气象资料参数，采用改进彭曼公式计算绿化植被蒸腾量。

$$ET_d = K_c E_0 \tag{6-2}$$

$$E_0 = c\left[wR_n + (1-w)f(v)(e_a - e_d)\right] \tag{6-3}$$

式中，$ET_d$ 为作物蒸腾量（mm/d）；$K_c$ 为系数，可通过试验确定，也可根据植物种类及植物生长阶段查表确定；$E_0$ 为参考作物蒸腾量（mm/d）；$R_n$ 为净辐射量，以所能蒸发的水量计（mm/d）；$f(v)$ 为风函数；$e_a$ 为平均气温条件下的饱和水气压（hPa）；$e_d$ 为实际平均水气压（hPa）；$w$ 为取决于温度与高程的加权系数；$c$ 为考虑白天与夜晚天气影响的修正系数。以上各参数的具体取值可参考《喷灌工程设计手册》（水利电力出版社）。

### 3. 计算设计灌水周期

计算设计灌水周期：

$$T = m/ET_d \tag{6-4}$$

式中，$m$ 为设计灌水定额（mm）；$ET_d$ 为作物蒸腾量（mm/d）。设计灌水周期 $T(d)$ 一般取整数。

#### 4. 喷头的选型及验算

根据项目绿化植物种类情况初选喷头型号，为降低喷灌系统能耗，喷头宜优先选用低压喷头，同一灌溉区内的喷头宜选用同一型号，同时考虑到边坡所处环境，在费用允许的情况下应优先选用耐久性好的金属喷头，以增加使用寿命。初选喷头后，再进行喷灌强度、雾化指标验算，若验算不通过，重新进行选型。

喷头喷灌强度验算：根据土壤类别确定允许喷灌强度，并根据坡面坡度对允许喷灌强度进行修正，所选喷头的喷灌强度应小于允许喷灌强度。允许喷灌强度的取值可参考《喷灌工程技术规范》GB/T 50085—2007。

喷头雾化指标验算。喷头雾化指标按下式计算：

$$W_h = h_p/d \qquad (6-5)$$

式中，$h_p$ 为喷头工作压力（m）；$d$ 为喷嘴直径（mm）。雾化指标允许值范围可参考《喷灌工程技术规范》GB/T 50085—2007。

#### 5. 确定喷头组合间距

根据风速、风向与喷射方向的关系计算喷头组合间距，按表 6-1 确定。

喷头组合间距 表 6-1

| 设计风速（m/s） | 组合间距 | |
|---|---|---|
| | 垂直风向 | 平行风向 |
| 0.3～1.6 | （1～1.1）$R$ | 1.3$R$ |
| 1.6～3.4 | （0.8～1）$R$ | （1.1～1.3）$R$ |
| 3.4～5.4 | （0.6～0.8）$R$ | （1～1.1）$R$ |

注：1. $R$ 为喷头射程；2. 本表插值选取；3. 在风向多变采用等间距组合时，应选用垂直风向的数值。

#### 6. 初定蓄水池位置、型式

根据边坡地形初步拟定蓄水池布置位置及型式。蓄水池型式可采用砖砌、钢筋混凝土、浆砌块石等型式。根据边坡工程特点，可就地取材利用岩质边坡开挖的块石进行砌筑。另外蓄水池应进行防渗处理。

#### 7. 布置输配水管网

由于高陡边坡具有分级放坡的特征，故喷灌输配水管网可选用树枝状布置，树枝状布置又有丰字形、梳齿形、鱼骨形等形式。根据边坡规模（高度、级数、长度）、形态、周边地形特征等在地形图上初步布置输配水管网。一般来说，同时开启的喷头应尽量沿等高线布置，避免由于高差变化而引起压力不均衡，造成灌水不均匀并影响喷头及管路的使用寿命。结合边坡工程的实际情况，支管可沿边坡平台布置，以方便后期养护、维修。干管可垂直边坡走向布置，宜布置在本灌溉区的高处，实际布置时，可充分利用边坡竖向排水设施（如急流槽）进行布置，以方便后期喷灌系统工作时的操作和维护。输水管用于连接各蓄水池分级提水，可根据蓄水池的位置进行布置，位于边坡侧面时，可沿截水沟等排水设施进行布置。

根据输配水管的重要性等级，可采用不同的材质，以达到技术可行、经济适用的目的，如输水管和干管控制的面积较大，若出现故障，喷灌工程的影响面积大，故可采用PE 管，并采用热熔方式进行连接，提高其可靠性，而支管及竖管影响面积小，可采用施工便捷、快速的粘接方式连接的 PVC-U 给水管。

### 8. 布置喷灌喷头

根据边坡地形特征、输配水管网初步布置形式、喷头的组合间距及组合形式，在地形图上初步布置喷灌喷头，确定喷头总数 $N_p$。

### 9. 确定喷灌工作参数

计算每组喷头喷灌时间：

$$t = \frac{mab}{1000 q_p \eta_p} \tag{6-6}$$

式中，$t$ 为每组喷头喷灌时间（h）；$m$ 为设计灌水定额（mm）；$a$ 为喷头布置间距（m）；$b$ 为支管布置间距（m）；$q_p$ 为喷头设计流量（m³/h）；$\eta_p$ 为喷洒水利用系数，根据风速进行选取，当风速低于 3.4m/s 时，$\eta_p$ 取 0.8～0.9；当风速 3.4～5.4m/s 时，$\eta_p$ 取 0.7～0.8。

每个喷灌区一天开启的喷头组数：

$$n_d = t_d / t \tag{6-7}$$

式中，$n_d$ 为每个喷灌区一天开启的喷头组数；$t_d$ 为设计日灌水时间（h）；$t$ 为每组喷头喷灌时间（h）。

灌溉分区数量：

$$N = N_p / (n n_d T) \tag{6-8}$$

式中，$N_p$ 为喷头总数；$T$ 为设计灌水周期（d）；$n$ 为每组喷头数量。

### 10. 拟定灌溉分区

根据以上计算结果，在地形图上初步划定灌溉分区。由于边坡坡面形状不规则，且各级平台标高及长度不尽相同，同时灌溉区的划分还需兼顾蓄水池位置，因此在划定灌溉分区时，需要根据地形进行多次调整。原则上每个灌溉区内支管之间的最大高差应尽量减少，以提高水泵能量利用效率。必要时需调整初步拟定的灌溉分区，进行重新计算及布置。

### 11. 确定轮灌制度

根据灌溉分区、设计灌水周期 $T$、一个工作位置的灌水时间 $t$、一天工作位置数 $n_d$、同时工作喷头数 $n_p$ 编制轮灌制度表格，明确每个灌溉区支管开启顺序。

### 12. 确定输配水管网规格、尺寸

采用经济流速法计算输配水管网的各种管路（竖管、支管、干管）的内径大小，计算公式：

$$D = \sqrt{4Q/\pi v} \tag{6-9}$$

式中，$D$ 为管道内径（mm）；$Q$ 为管道流量（m³/s）；$v$ 为管内经济流速（m/s），根据我国喷灌系统设计经验，$v$ 可取 1.5～2.5m/s。

根据项目情况及耐压要求选择管道材质，并根据计算得到的管道内径，确定管道规格、尺寸。若管道规格、尺寸不合理，则需考虑重新调整，直到计算的管道规格、尺寸在合理的范围之内。

### 13. 灌溉区设计水头、流量计算

确定灌溉系统的输配水管网，并计算每个灌溉区域的设计水头（扬程），设计水头（扬程）计算公式：

$$H_r = H_g + h_f + h_j + h_p \qquad (6\text{-}10)$$

式中，$H_r$ 为喷灌系统设计水头（扬程）（m）；$H_g$ 为实际扬程，即喷头与水源水面的垂直高差（m）；$h_f$ 为管道沿程水头损失（m）；$h_j$ 为管道局部水头损失（m），喷灌工程中为简化计算，取沿程水头损失的 10%～15%；$h_p$ 为喷头工作压力水头（m）。

沿程水头损失 $h_f$ 计算经验公式：

$$h_f = f\frac{LQ^m}{d^b} \qquad (6\text{-}11)$$

式中，$h_f$ 为沿程水头损失（m）；$f$ 为摩阻系数；$L$ 为管道长度（m）；$Q$ 为管道流量（m³/s）；$d$ 为管道内径（mm）；$m$ 为流量指数；$b$ 为管径指数。

每个灌溉区域有多条灌水路径，应对典型的灌水路径分别进行试算，取本灌溉区域的最大水头作为灌溉水泵设计水头。

计算各灌溉区所需的设计灌溉流量，各灌溉区设计流量按下式计算：

$$q = \sum_{i=1}^{n_p} q_p / \eta_G \qquad (6\text{-}12)$$

式中，$q$ 为各灌溉区设计流量（m³/h）；$q_p$ 为设计工作压力下的喷头流量（m³/h）；$n_p$ 为每次同时开启喷头的数量；$\eta_G$ 为管道系统水利用系数，取 0.95～0.98。

### 14. 灌溉泵选型

根据设计扬程及流量进行灌溉泵选型。灌溉泵是喷灌工程的重要设备之一，其作用是给灌溉水加压，使喷头获得必要的工作压力。灌溉泵的选型应满足各灌溉区的设计流量、设计扬程的基本要求，并预留一定余量。

### 15. 确定蓄水池规格、尺寸

根据灌溉区的流量确定蓄水池大小。综合考虑边坡水资源匮乏的情况，原则上蓄水池高度不宜过高，宜通过增加平面尺寸扩大其容量，并做成敞口形式，以便于收集自然降水。

### 16. 提水泵选型

考虑到边坡一般较高，水源地（如市政管网、水库、山塘等）的给水压力不足以自流送水至山顶，采用提水泵分级加压泵送的方式将水分区泵送至蓄水池后进行喷灌作业。

提水泵的作用是分级泵送提升水源，根据灌溉区需水量确定提水泵流量，根据地形高差确定提水泵扬程。综合以上两项进行提水泵选型。

### 17. 辅助配件

配置输配水管网、水泵等的附属构件，如管材连接需要的三通、直通、弯头等，并根据实际情况选用适当的方式固定管道，如采用管卡进行固定；水泵后应加装止回阀，防止停泵时水锤破坏，同时防止喷灌系统水倒流进入水源地造成污染；输水管、干管及支管应设置阀门，方便自动控制系统出现故障时，进行分段维修。另外，由于边坡高差变化大，为满足最大压力要求，同一灌溉区内不可避免有一部分支管水压力大于喷头正常工作压力，故应设置压力调节器，保证喷头处于正常工作压力。

### 18. 布置自动控制系统

支管（用于控制每组同时开启的喷头）设置电磁阀，坡脚位置设置总控制台，总控制台通过信号线连接解码器，每个解码器连接一个电磁阀，通过坡脚总控制台发射电信号，解码器接收总控制台信号后开启或关闭电磁阀。控制台可以手动控制电磁阀开关，也可以根据轮灌制度设定每根支管的开启时间及开启顺序，从而实现喷灌系统的自动控制。

## 6.2.2 工程应用

### 6.2.2.1 工程概况

#### 1. 边坡概况

温州某液化天然气接收站边坡原始地貌为海岛型剥蚀丘陵，自然山体标高最高约130m。由于工程建设需要，对原始地形进行开挖整平至设计标高13.3m，从而形成高陡的海域岛礁人工边坡（图6-21）。

**图 6-21　复绿工程实施前海域岛礁边坡照片**

边坡总长约1310m，最大坡高约110m，边坡工程安全等级为一级。边坡采用分台阶放坡开挖的方式，每级台阶高度为10m，坡率1:0.6~1:2，平台宽3m，边坡坡面局部采用预应力锚杆（索）框架梁、护面墙等加固防护措施。坡面绿化主要采用厚层基材喷播绿化工艺，并结合抗滑营养棒、挡土翼等绿化辅助措施。边坡裸露区域面积达14万m²，边坡绿化典型断面如图6-22所示。

高程（m）

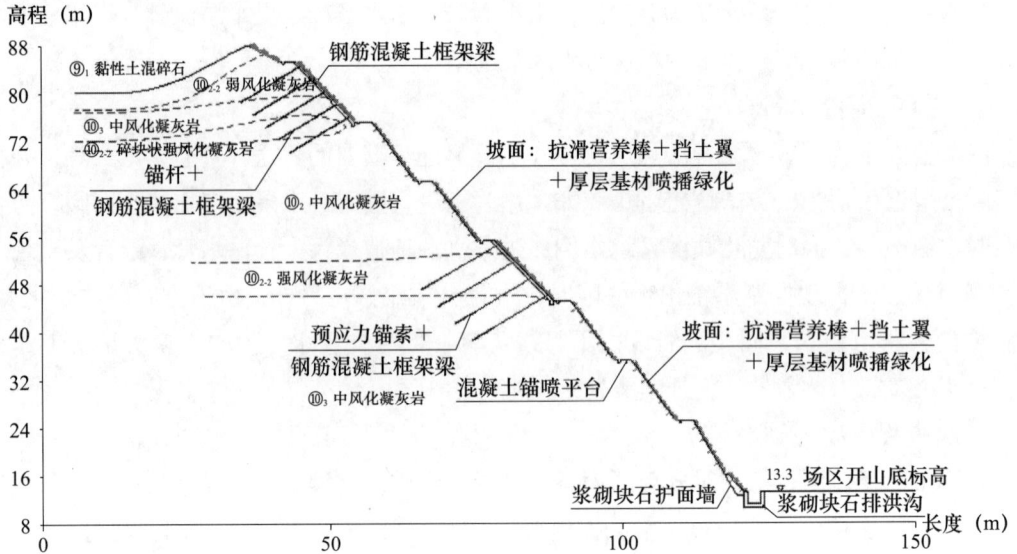

图 6-22　边坡绿化典型断面

### 2. 地质条件

前第四纪地层为上侏罗统高坞组（J_3g），岩性主要为青灰色、灰紫色流纹质含角砾晶屑玻屑熔结凝灰岩。岩体风化不均，以强—中等风化为主，岩体结构为镶嵌—块状结构。该层为边坡开挖后坡面出露的主要岩土层，岩质坚硬，缺乏植物生长所需的水分及养分。

第四纪地层主要为残坡积土（Q^{el-dl}），土性以黏性土混碎石、残积黏性土和残积砂质黏性土为主，呈可塑—硬塑状，表层含植物根系，碎石含量 10%～30%，次棱角状，层厚 0.5～3.0m。该层主要分布于原始丘陵山体的浅表部及坡顶后缘区域。

### 3. 气象水文情况

工程区属亚热带海洋型季风气候区，温暖湿润，四季分明。据当地气象站观测：多年平均气温为 17.9℃，年平均降雨量 1319.4mm，降雨主要集中在 4～6 月的梅雨期和 8～9 月的台风期。多年平均蒸发量 1569mm。相对湿度高，常年平均湿度 80%。年总日照 1932h，无冰冻现象。全年平均风速 4.1m/s。

### 6.2.2.2　喷灌系统总体布置

本工程喷灌系统采用机压固定管道式喷灌系统。由水源、水泵、蓄水池、输水及配水管道、喷头等组成。自水源地引水至坡脚蓄水池，因海域岛礁边坡工程具有喷灌面积大，且边坡高差较大的特点，采用提水泵分级加压泵送的方式将水分区泵送至蓄水池，再将蓄水池的水通过灌溉泵对本灌溉区坡面进行喷灌。输配水管网选用 PE 管，喷头选用金属摇臂式喷头。坡脚蓄水池位置集中设置电气总控制台，用于控制各级水泵及支管阀门的开关。喷灌系统总体布置示意图如图 6-23 所示。

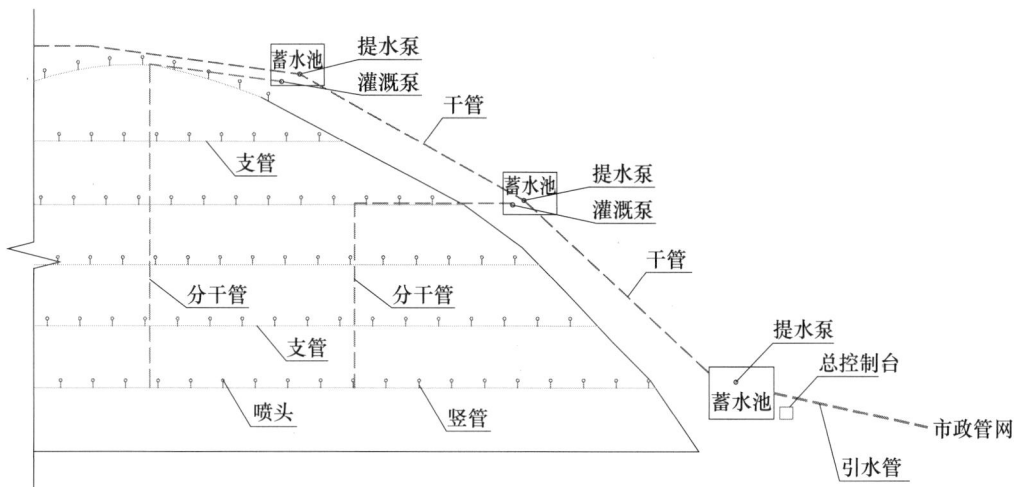

图 6-23　喷灌系统总体布置示意

## 6.2.2.3　主要设计参数

### 1. 灌水定额和灌水周期

（1）设计灌水定额

本海域岛礁边坡采用喷播绿化方式进行坡面生态复绿，对坡面绿化基质采用环刀法实地取样，确定土壤重度为 $15kN/m^3$；本工程计划土壤湿润深度 $h$ 取绿化基材厚度，通过现场量测，本工程基材厚度为 $8\sim12cm$，取 $h=12cm$；$\beta'_1$、$\beta'_2$ 分别为适宜土壤含水量上、下限（重量百分比），上限取田间持水量的 $80\%\sim100\%$，本工程取 $90\%$；下限取田间持水量的 $60\%\sim80\%$，本工程取 $70\%$；经调查本工程喷播客土以壤黏土为主，根据土壤性质，壤黏土持水量为 $22\%\sim28\%$，本工程取 $25\%$，故 $\beta'_1=25\times90\%=22.5$，$\beta'_2=25\times70\%=17.5$。$m_s=0.1\times1.5\times12\times(22.5-17.5)=9mm$，设计灌水定额取最大灌水定额，即 $m=m_s=9mm$。

（2）绿化植被腾发量

根据绿化植物的种类及工程地气象资料参数，采用式（6-2）、式（6-3）计算绿化植被蒸腾量。

项目区历年月平均气温最大值出现在 8 月，取 8 月为夏季代表月份进行计算。

1）加权数值 $w$，项目区夏季（取 8 月）平均温度约 28.9℃，边坡区域高程最高约 120m，最低约 10m，平均高程 65m，查表插值得 $w=0.775$。

2）净辐射量 $R_n$ 计算

① $R_n=R_{ns}-R_{nl}$

② 净短波辐射 $R_{ns}=(1-\alpha)R_s$，$\alpha$ 为太阳辐射反射率，一般可取 $23\%$。

$R_s=(0.25+0.5n/N)R_a$

项目区地处北纬 28°，查表得 8 月 $R_a=15.7mm/d$。

$n$、$N$ 分别为实测日照小时数和可能最大日照小时数。查阅相关气象资料，洞头区 8

月历年实测日照时间为242.4h，日均日照时间为242.4/30＝8.08h。项目区地处北纬28°，查表得8月 $N＝13.1h$。故 $n/N＝8.08/13.1＝0.617$。

$$R_s＝(0.25＋0.5n/N)R_a＝(0.25＋0.5×0.617)×15.7＝8.77mm/d$$

$$R_{ns}＝(1-\alpha)R_s＝(1-23\%)×8.77＝6.75mm/d$$

③ $R_{nl}＝f(t)×f(e_d)×f(n/N)$

其中 $f(t)＝\sigma T_k^4$，其中 $\sigma$ 为斯蒂芬－玻尔兹曼系数，$\sigma＝2×10^{-9}mm/(d·K^4)$

$T_k＝273＋T＝273＋28.9＝301.9K$

计算得 $f(t)＝2×10^{-9}×301.9^4＝16.61mm/d$

$f(e_d)＝0.34-0.044\sqrt{e_d}$

平均相对湿度 $H＝80\%$，$T＝28.9℃$，查表 $e_a＝40.1hPa$

$e_d＝e_a×H＝40.1×80\%＝32.08hPa$

故 $f(e_d)＝0.34-0.044×\sqrt{32.08}＝0.091$

$f(n/N)＝0.1＋0.9×n/N＝0.655$

故 $R_{nl}＝f(t)×f(e_d)×f(n/N)＝16.61×0.091×0.655＝0.99mm/d$

④ $R_n＝R_{ns}-R_{nl}＝6.75-0.99＝5.76mm/d$

3）$f(v)＝0.27×(1＋v/100)$，其中 $v$ 为风速（km/h），根据气象资料取平均风速4.1m/s，合14.76km/h。

$f(v)＝0.27×(1＋14.76/100)＝0.31$

4）修正系数 $c$

$H_{max}＝90\%$，$R_s＝8.77mm/d$，根据相关资料 $v_b/v_h$ 取1.2，查表插值得 $c＝0.98$。

5）$E_0＝0.98×[0.775×5.76＋0.225×0.31×(40.1-32.08)]＝4.92mm/d$

6）腾发量 $ET_d＝K_c×E_0$，根据风速0～5m/s，$H_{min}＞70\%$ 时，取 $K_c＝1.0$

$ET_d＝K_c×E_0＝1.0×4.92＝4.92mm/d$

（3）设计灌水周期

设计灌水周期是指在天气炎热、无雨的极端条件下，植物耗水旺盛时期的允许最大灌水时间间隔。计算设计灌水周期按下式计算：$T＝m/ET_d＝9/4.92＝1.83d$，按规范要求取整为2d。

## 2. 喷头选型及组合间距

（1）喷头选型

本工程喷头选用 $PY_2$ 型15系列金属摇臂式喷头（图6-24），性能如表6-2所示。

（2）喷头喷灌强度验算

本工程所用客土性质以壤黏土为主，查表得其允许喷灌强度为10mm/h，坡地允许喷灌强度降低值取为75%。因而允许喷灌强度为 $10×(1-0.75)＝2.5mm/h$。所选喷头喷灌强度2.47mm/h＜2.5mm/h，小于允许喷灌强度，因而满足规范要求。

图 6-24 喷头照片

喷头性能 表 6-2

| 喷嘴直径<br>（mm） | 工作压力<br>（kPa） | 喷头流量<br>（m³/h） | 喷头射程<br>（m） | 喷射仰角 | 喷灌强度<br>（mm/h） |
|---|---|---|---|---|---|
| 5.5 | 200 | 1.52 | 14 | $20° \sim 25°$ | 2.47 |

（3）喷头雾化指标验算

喷头雾化指标 $W_h = h_p/d = 20/(5.5 \times 10^{-3}) = 3636$，满足喷头雾化指标为 3000～4000 的要求。

（4）喷头组合间距

因本工程所在区域风向多变，且各区段边坡形态各异，因而组合间距选取垂直风向的数值。本工程区所在地平均风速 4.1m/s，插值得组合间距系数为：$\dfrac{0.6-0.8}{5.4-3.4} \times (4.1-3.4) + 0.8 = 0.73$，故组合间距为 $0.73R = 0.73 \times 14 = 10.22$m，取 10m。

### 3. 喷灌工作参数

（1）一个工作位置的灌水时间（即每组喷头开启时间）

本工程设计灌水定额 $m = 9$mm，喷头布置间距 $a = 10$m，支管布置间距 $b = 10$m，喷头设计流量 $q_p = 1.52$m³/h，项目区风速 4.1m/s，插值得喷洒水利用系数 $\eta_p = 0.765$，代入式（6-6）得

$$t = \frac{mab}{1000 q_p \eta_p} = \frac{9 \times 10 \times 10}{1000 \times 1.52 \times 0.765} = 0.774\text{h}，约为 46\text{min}$$

（2）一天工作位置数（即一个喷灌区一天开启的喷头组数）

本工程采用固定管道式喷灌系统，根据规范，设计日灌水时间为 6～12h，本工程取为 8h，代入式（6-7）得

$$n_d = t_d/t = 8/0.774 = 10.34\text{ 组}，取 10 组$$

（3）灌溉分区数

初定每组喷头数 $n = 11$ 个，则灌溉分区数为 $N = N_p/(n \times n_d \times T) = 994/(11 \times 10 \times 2) =$

4.52 个，取 5 个灌溉分区。

### 6.2.2.4　灌溉方案设计

#### 1. 灌溉工作制度

根据以上结果，拟定灌溉工作制度如下：

（1）设计灌水周期：2d。

（2）灌溉分区：将绿化区域分为Ⅰ区～Ⅴ区 5 个灌溉区。

（3）同时工作的喷头数：每个灌溉区同时工作的喷头数最多为 11 个（局部区域根据地形调整，因而数量可能少于 11 个）。

（4）每组喷头喷灌时间：0.774h（约 46min）。

（5）设计日灌水时间：8h。

根据喷头组合间距及灌溉区实际情况，将绿化区域分为Ⅰ区～Ⅴ区 5 个灌溉区，5 个灌溉区同时工作，每个灌溉区最多设置 20 组喷头，一组喷头最多设置 11 个喷头。每个灌溉区有且仅有一组喷头保持喷灌状态，每个灌溉区每天依次最多开启 10 组喷头进行喷灌，因为每个灌溉区最多设置 20 组喷头，故能在设计灌水周期（本工程为 2d）内将每个灌溉区的喷头开启一遍，从而达到整个边坡全面喷灌的要求。单组喷头喷灌时间为 0.774h（约 46min），每天最多开启 10 组，则每天喷灌历时最长为 0.774h×10 = 7.74h，考虑开关切换等时间损耗，设计日灌水时间取为 8h。轮灌顺序如表 6-3 所示。

轮灌顺序　　　　　　　　　　　　　　表 6-3

| 灌溉区 | 时间 | 项目名称 | 轮灌顺序（按 1 到 10 的顺序依次喷灌） | | | | | | | | | |
|---|---|---|---|---|---|---|---|---|---|---|---|---|
| | | | 1 | 2 | 3 | 4 | 5 | 6 | 7 | 8 | 9 | 10 |
| Ⅰ区 | 第一天 | 支管号 | Ⅰ-1 | Ⅰ-2 | Ⅰ-3 | Ⅰ-4 | Ⅰ-5 | Ⅰ-6 | Ⅰ-7 | Ⅰ-8 | Ⅰ-9 | Ⅰ-10 |
| | | 喷头数 | 11 | 11 | 11 | 11 | 11 | 11 | 11 | 11 | 11 | 8 |
| | 第二天 | 支管号 | Ⅰ-11 | Ⅰ-12 | Ⅰ-13 | Ⅰ-14 | Ⅰ-15 | Ⅰ-16 | Ⅰ-17 | Ⅰ-18 | Ⅰ-19 | Ⅰ-20 |
| | | 喷头数 | 11 | 11 | 11 | 11 | 11 | 11 | 11 | 11 | 11 | 11 |
| Ⅱ区 | 第一天 | 支管号 | Ⅱ-1 | Ⅱ-2 | Ⅱ-3 | Ⅱ-4 | Ⅱ-5 | Ⅱ-6 | Ⅱ-7 | Ⅱ-8 | Ⅱ-9 | Ⅱ-10 |
| | | 喷头数 | 11 | 11 | 11 | 11 | 11 | 11 | 11 | 11 | 11 | 11 |
| | 第二天 | 支管号 | Ⅱ-11 | Ⅱ-12 | Ⅱ-13 | Ⅱ-14 | Ⅱ-15 | Ⅱ-16 | Ⅱ-17 | Ⅱ-18 | | |
| | | 喷头数 | 11 | 11 | 11 | 11 | 11 | 11 | 11 | 11 | | |
| Ⅲ区 | 第一天 | 支管号 | Ⅲ-1 | Ⅲ-2 | Ⅲ-3 | Ⅲ-4 | Ⅲ-5 | Ⅲ-6 | Ⅲ-7 | Ⅲ-8 | Ⅲ-9 | Ⅲ-10 |
| | | 喷头数 | 11 | 11 | 11 | 11 | 11 | 11 | 11 | 11 | 11 | 11 |
| | 第二天 | 支管号 | Ⅲ-11 | Ⅲ-12 | Ⅲ-13 | Ⅲ-14 | Ⅲ-15 | Ⅲ-16 | Ⅲ-17 | Ⅲ-18 | Ⅲ-19 | Ⅲ-20 |
| | | 喷头数 | 11 | 11 | 11 | 11 | 11 | 11 | 11 | 11 | 11 | 11 |
| Ⅳ区 | 第一天 | 支管号 | Ⅳ-1 | Ⅳ-2 | Ⅳ-3 | Ⅳ-4 | Ⅳ-5 | Ⅳ-6 | Ⅳ-7 | Ⅳ-8 | Ⅳ-9 | |
| | | 喷头数 | 11 | 11 | 11 | 11 | 11 | 11 | 11 | 11 | 11 | |
| | 第二天 | 支管号 | Ⅳ-10 | Ⅳ-11 | Ⅳ-12 | Ⅳ-13 | Ⅳ-14 | Ⅳ-15 | Ⅳ-16 | Ⅳ-17 | | |
| | | 喷头数 | 11 | 11 | 11 | 11 | 11 | 11 | 11 | 11 | | |

续表

| 灌溉区 | 时间 | 项目名称 | 轮灌顺序（按 1 到 10 的顺序依次喷灌） | | | | | | | | | |
|---|---|---|---|---|---|---|---|---|---|---|---|---|
| | | | 1 | 2 | 3 | 4 | 5 | 6 | 7 | 8 | 9 | 10 |
| V区 | 第一天 | 支管号 | V -1 | V -2 | V -3 | V -4 | V -5 | V -6 | V -7 | V -8 | | |
| | | 喷头数 | 7 | 8 | 11 | 11 | 8 | 8 | 11 | 10 | | |
| | 第二天 | 支管号 | V -9 | V -10 | V -11 | V -12 | V -13 | V -14 | V -15 | | | |
| | | 喷头数 | 10 | 6 | 11 | 8 | 7 | 11 | 5 | | | |

注：每组喷头持续喷灌时间为 0.774h（约 46min）。

### 2. 输配水管网

管道系统的选型：综合考虑管道系统可靠性及施工便利性，本工程输水管、干管选用 PE 管，分干管、支管、竖管选用 PVC-U 管。

管道管径的确定及布置：根据输配水管网的总体布置及轮灌顺序，可知每一根管道的流量，进而根据经济流速法计算确定每根管道的管径。根据我国喷灌系统设计经验，一般 $v$ 可取 1.5～2.5m/s，本工程取 2.1m/s。如一根支管最多控制 11 个喷头，则支管最大流量 1.52×11 = 16.72m³/h，根据经济流速法可得管径为 $D = \sqrt{4Nq/\pi v} = \sqrt{4\times16.72/3600/(\pi\times2.1)} = 53.08$mm，故支管选用内径为 53.6m 的 De63 的 PVC-U 管，其他管道管径计算方法类同。由此确定本工程喷灌系统管道尺寸及布置如下：

（1）输水管采用 De140～De160 的 PE 管，连接蓄水池用于分级提水；

（2）干管采用 De75～De110 的 PE 管，沿坡顶或边坡平台布置，用于将蓄水池的水分送至每个灌溉区域；

（3）分干管采用 De75 的 PVC-U 管，每个分干管连接若干根支管，分干管总体沿边坡竖向布置，用于将水分送至各级平台支管，为方便操作及后期喷灌系统维护，分干管基本沿急流槽或踏步布置；

（4）支管采用 De63 的 PVC-U 管，沿边坡平台横向布置；

（5）竖管采用 De20 的 PVC-U 管，高 600mm，沿平台间距 10m 布置。

输配水管道应采取适当的措施固定，其中 PE 管采用热熔方式连接，PVC 管采用粘接方式连接。因本喷灌工程为机压供水，管道需具备一定承压能力。

最终确定的输配水管道规格尺寸如表 6-4 所示。

输配水管道规格尺寸　　　　　　　表 6-4

| 序号 | 管道名称 | 规格 | 内径（mm） | 耐压（MPa） | 管材类型 |
|---|---|---|---|---|---|
| 1 | 输水管 -1 | De160×14.6mm | 130.8 | 1.6 | PE 给水管 |
| 2 | 输水管 -2 | De140×12.7mm | 114.6 | 1.6 | PE 给水管 |
| 3 | 输水管 -3 | De140×12.7mm | 114.6 | 1.6 | PE 给水管 |
| 4 | 输水管 -4 | De140×12.7mm | 114.6 | 1.6 | PE 给水管 |

| 序号 | 管道名称 | 规格 | 内径（mm） | 耐压（MPa） | 管材类型 |
|---|---|---|---|---|---|
| 5 | 干管-1 | De75×6.8mm | 61.4 | 1.6 | PE 给水管 |
| 6 | 干管-2 | De75×6.8mm | 61.4 | 1.6 | PE 给水管 |
| 7 | 干管-3 | De110×10mm | 90 | 1.6 | PE 给水管 |
| 8 | 干管-4 | De110×10mm | 90 | 1.6 | PE 给水管 |
| 9 | 分干管 | De75×5.6mm | 63.8 | 1.6 | PVC-U 给水管 |
| 10 | 支管 | De63×4.7mm | 53.6 | 1.6 | PVC-U 给水管 |
| 11 | 竖管 | De20×2.0mm | 16 | 2.0 | PVC-U 给水管 |

### 3. 管道水力计算及灌溉泵选型

每一个灌溉分区设置一台灌溉泵进行喷灌，根据管道系统的布置计算水泵的流量及设计水头，进行灌溉泵的选型。由于每个灌溉分区均有多条灌水路径，应对多条灌水路径分别进行试算，取最大水头作为设计水头。以Ⅲ区为例，水泵位置标高为81m，经试算，当典型喷头地形位置标高为116m时，管道系统设计水头最大，根据式（6-11）计算各管道的沿程水头损失如下，本工程采用 PVC-U 管或 PE 管，$f = 0.948 \times 10^5$，$m = 1.77$，$b = 4.77$。计算结果如表6-5所示。

**Ⅲ区灌溉泵管道沿程水头损失计算**　　表 6-5

| 序号 | 管路名称 | 规格 | 管材类型 | $L$（m） | $Q$（m³/h） | $d$（mm） | $h_f$（m） | $\sum h_f$（m） |
|---|---|---|---|---|---|---|---|---|
| 1 | 竖管 | De20×2.0mm | PVC-U 给水管 | 0.6 | 1.52 | 16 | 0.22 | |
| 2 | 支管 | De63×4.7mm | PVC-U 给水管 | 100 | 16.72 | 53.6 | 7.83 | |
| 3 | 分干管-5 | De75×5.6mm | PVC-U 给水管 | 3 | 16.72 | 63.8 | 0.10 | 9.64 |
| 4 | 干管-3 | De110×10mm | PE 给水管 | 225.6 | 16.72 | 90 | 1.49 | |
| 5 | 局部水头损失合计$\sum h_j$（取$\sum h_f$的15%） | | | | | | | 1.45 |
| 6 | 实际扬程$H_g$（喷头与水源水面的垂直高差） | | | | | | | 35.00 |
| 7 | 喷头工作压力水头$h_p$ | | | | | | | 20.00 |
| 8 | 喷灌系统设计水头（扬程）$H_r$（$\sum h_f + \sum h_j + H_g + h_p$） | | | | | | | 66.09 |

注：$h_j$ 为管道局部水头损失，喷灌工程中为简化计算，一般取沿程水头损失的10%～15%，本工程取15%；$h_p$ 为喷头工作压力水头，所选喷头工作压力为 200kPa，故所需工作水头为 20m。

由表6-5可知，Ⅲ区灌溉泵设计水头（扬程）$H_r = 66.09$m；另外Ⅲ区灌溉泵同时工作的支管最多有2个，考虑管道水利用系数，设计流量 $Q_3 = (16.72 \times 2)/0.96 = 34.83$m³/h。

### 4. 自动化喷灌控制系统

采用解码器＋电磁阀系统实现对喷灌系统的自动控制，主要部件有控制器、信号线、解码器和电磁阀（图6-25～图6-27）。因本工程坡面绿化面积大，首先根据喷头组合间距，结合边坡地形，进行灌溉区域划分。本工程将绿化区域分为Ⅰ区～Ⅴ区 5 个灌溉区，每个灌溉区原则上布置 20 个支管，一个支管设置 11 个喷头，局部根据实际情况调整。每个灌溉区的 20 个支管每次依次开启一个，各灌溉区可同步工作。在坡脚总控制台处设置控制器，控制器通过信号线向解码器发射信号，电磁阀根据解码器解译的电信号实现对每根支管的远程开关，从而实现对整个喷灌系统的总体控制。控制器可根据拟定的灌溉制度，设置自动化程序，进行全自动控制，也可通过人工远程调控，极大地方便了后期养护工作。

图 6-25　控制器

图 6-26　解码器

图 6-27　电磁阀和解码器实景照片

信号线采用 AWG14#*2 双绞线，双绞线是一种综合布线工程中常用的传输介质，由两根具有绝缘保护层的铜导线组成。信号线外套外径 25mm 的 PVC 电工套管进行保护，套管规格采用 GY·315-25，相关技术要求应符合《建筑用绝缘电工套管及配件》JG/T 3050—1998 规定。

### 6.2.2.5　应用效果

本项目完工一年多后，坡面植被生长良好。绿化工程的实施营建了坡面生态系统，改善了视觉效果，保护和恢复了自然生态环境，实现了工程建设与生态环境的良性循环，并在边坡坡面形成植被防护，减弱了边坡岩体在自然营力作用下的进一步风化、弱化，达到了保护坡面、减少水土流失和绿化环境目的，社会效益和环境效益显著（图 6-28 和图 6-29）。

图 6-28　边坡绿化喷灌效果

图 6-29　边坡绿化效果（平台按要求不进行绿化）

## 6.3　硬质刚性支护结构边坡免养护生境构建技术

在我国已有工程边坡中，受限于建设期间经济、技术以及设计理念等多方面因素，存在一大批以喷锚、护面墙、喷浆、肋板墙为代表的硬质刚性支护结构工程。这部分既有工程的坡面防护结构解决了安全问题之后，也造成了混凝土的硬质、灰色坡面与周围格格不入的生态景观污染，有悖于新时代绿色发展理念。

硬质刚性支护结构边坡往往坡度大、表面光滑，坡面植物立地条件极差，且其表面不具备植物生长所必需的有机质、氮、磷等营养元素的积累，相反，水泥理化特性（如碱性等）有害植物的生长、隔离了新喷基质层中植物生长的根系与基岩裂隙和水分的联系，故植物生长条件极为恶劣。常规的喷播绿化生态防护工艺难以实现该类硬质刚性支护边坡的生境构建。因此，开发一种技术可行（生态功能恢复）、经济合理（免养护）、社会认可的适用于此类硬质刚性支护结构边坡的生境构建方法，在不降低原有支护效果的前提下，恢复和建立边坡表层多结构、多功能、可持续演替发展的生态景观群落，满足生态和景观需求，具有重要的现实意义。

本节首先提出硬质刚性支护结构坡面生境构建可行性评估方法，再利用植被混凝土护坡绿化技术及高性能生态修复纤维防侵蚀系统技术的有机结合，进行边坡绿化技术开发，对既有的硬质支护结构坡面进行生态恢复，以达到一定的生态和景观效果。

## 6.3.1　技术原理

### 6.3.1.1　硬质刚性支护结构坡面生境构建可行性评估原理

首先，通过分析确定影响硬质刚性支护结构坡面生境构建可行性的因素。其次，采用二次模糊综合法以及改进的主因素突出型数学模型，构筑硬质刚性支护结构坡面生境构建可行性评估的整体框架。然后根据长期的调查成果，量化分析各因素的取值和评判因素权向量的取值。最终形成一套基于模糊数学的硬质刚性支护结构坡面生境构建可行性评估标准。

从技术、经济和环境效益三个方面决定了硬质刚性支护结构坡面生境构建是否可行，其中技术可行性是核心问题，可行性评价的整体框架如图 6-30 所示。

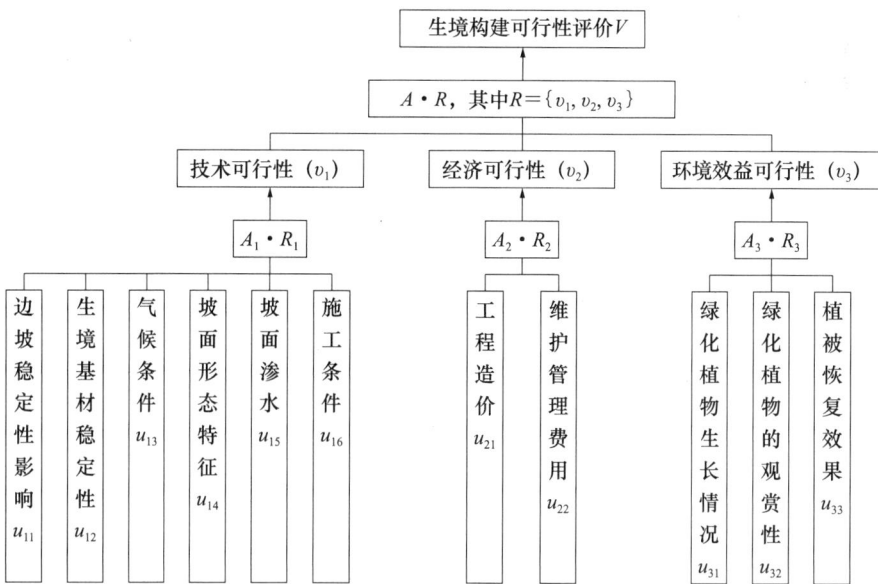

图 6-30　二次模糊综合评判的整体框架

　　通过对浙江地区边坡的跟踪调研，形成如表6-6所示的评价表，对拟实施的边坡进行打分评估，根据生境构建可行性评估结果决定相应的工程实施。

生境构建技术、经济、环境效益可行性判断评价表　　　　　　　　　　表 6-6

| 技术分（取①至⑥项分值最小者） | ① 边坡稳定性影响（以传递系数法计算结果为主） | 稳定性系数减少值大于等于 0.01 | 0分 | 其他分值，以插值法确定 | — | 0 及以下 | 10分 |
|---|---|---|---|---|---|---|---|
| | ② 生境基材稳定性 | 小于 1.2 | 0分 | 其他分值，以插值法确定 | — | 2 及以上 | 10分 |
| | ③ 气候条件 | 有效日照时间带 0h | 0分 | 其他分值，以插值法确定 | — | 有效日照时间带 8h | 10分 |
| | ④ 坡面形态特征 | 坡率大于 1∶0.36（70°） | 0分 | 其他分值，以插值法确定 | — | 坡率 1∶1 及以下 | 10分 |
| | ⑤ 坡面渗水 | 渗水量大于 2L/（h·m²） | 0分 | 其他分值，以插值法确定 | — | 渗水量为 0 | 10分 |
| | ⑥ 施工条件 | 差 | 0分 | 中 | 5分 | 优 | 10分 |

根据技术分评定技术可行性：

a. ≤ 3 分，技术可行性小；

b. 3～7 分，技术可行性中；

c. > 7 分，技术可行性大

| 技术可行性判断 | | □大　　□中　　□小 | | | | | |
|---|---|---|---|---|---|---|---|
| 经济分 | ① 工程造价 | 高 | 0分 | 中 | 5分 | 低 | 10分 |
| | ② 维护管理费用 | 高 | 0分 | 中 | 5分 | 低 | 10分 |

经济总分为①×0.5 + ②×0.5；根据分值评定经济可行性：

a. ≤ 3 分，经济可行性小；

b. 3～7 分，经济可行性中；

c. > 7 分，经济可行性大

| 经济可行性判断 | | □大　　□中　　□小 | | | | | |
|---|---|---|---|---|---|---|---|
| 环境效益分 | ① 绿化植物生长情况 | 差 | 0分 | 中 | 5分 | 优 | 10分 |
| | ② 绿化植物的观赏性 | 差 | 0分 | 中 | 5分 | 优 | 10分 |
| | ③ 植被恢复效果 | 差 | 0分 | 中 | 5分 | 优 | 10分 |

环境效益总分为①×0.5 + ②×0.2 + ③×0.3；根据环境效益总分评定环境效益可行性：

a. ≤ 3 分，环境效益可行性小；

b. 3～7 分，环境效益可行性中；

c. > 7 分，环境效益可行性大

| 环境效益可行性判断 | □大　　□中　　□小 |
|---|---|
| 生境构建可行性判断 | 技术、经济、环境效益可行性："大"取1分，"中"取0.5分，"小"取0分；并分别乘以系数0.34、0.33 和0.33 之后求和得到 $v$。<br>一级：$0 \leqslant v < 0.25$；<br>二级：$0.25 \leqslant v < 0.5$；<br>三级：$0.5 \leqslant v < 0.75$；<br>四级：$0.75 \leqslant v \leqslant 1$ |

## 1. 技术可行性 $U_1$

技术可行性是可行性评估的关键，相应的因素子集为：

$$U_1 = \{u_{11},\ u_{12},\ u_{13},\ u_{14},\ u_{15},\ u_{16}\} \tag{6-13}$$

其中：$u_{11}$ 为边坡稳定性影响判据；$u_{12}$ 为生境基材稳定性判据；$u_{13}$ 为气候条件判据；$u_{14}$ 为坡面形态特征判据；$u_{15}$ 为坡面渗水判据；$u_{16}$ 为施工条件判据。

（1）边坡稳定性影响判据

生境构建实施之前，必须评估生境构建对边坡稳定性的影响。影响越大，评分越低。稳定性系数的容许降低值设定为 0.01。超过 0.01，则认为技术上不可行；小于 0.01，对应的取值见表 6-6，对表中没有列举的情况采取插值的方法取值。

（2）生境基材稳定性判据

生境构建实施之前，必须评估生境基材在锚固后的稳定性。稳定性越差，评分越低。稳定性系数最低值设定为 1.2。低于 1.2，则认为技术上不可行；高于 1.2，对应的取值见表 6-6，对表中没有列举的情况采取插值的方法取值。

（3）气候条件判据

包括光照、湿度、气温等的气候条件，能够直接影响绿化植物的生长与发育，由于浙江省内具有适合植物生长的湿度和气温，因此只要考虑光照条件。条件越好，评分越高。

（4）坡面形态特征判据

坡面形态特征的关键因素是坡率大小。坡率越小，技术可行性越高；坡率越大，技术可行性越低。一般来说，在坡率达到 1∶0.36（70°）时，生境基材将难以完成有效浇筑。

（5）坡面渗水判据

坡面渗水对生境基材的有效附着具有很大的影响。渗水越严重，基材附着能力越差，渗水量大于 $2L/(h \cdot m^2)$，基材附着可视为无效附着。

（6）施工条件判据

由于边坡工程施工的特殊性，对施工条件及安全要求较高，因此应根据项目的实际情况，评估施工条件的难易程度。

施工条件优：边坡施工场地通电、通路、通水，且坡脚场地或平台的障碍物已全部清除或拆除，边坡工程施工作业面宽敞，完全满足边坡施工机械作业要求。

施工条件中：边坡施工场地通电、通路、通水有一项未实现，且坡脚场地或平台的障碍物已基本清除或拆除，边坡工程施工作业面基本满足边坡施工要求。

施工条件差：边坡施工场地通电、通路、通水有两项或两项以上未实现，且坡脚场地或平台的障碍物未清除或拆除，边坡工程施工作业面狭窄，不能满足边坡施工机械作业要求。

## 2. 经济可行性子集 $U_2$

经济可行性是衡量生境构建的一个重要方面，相应的因素子集为：

$$U_2 = \{u_{21},\ u_{22}\} \tag{6-14}$$

其中：$u_{21}$ 为工程造价判据；$u_{22}$ 为维护管理费用判据。具体的规定见表 6-6。随着人工工资的持续上涨，维护费用持续上涨，因此有必要将维护管理费用纳入性能评价的考虑范围。

（1）工程造价判据

以当前年度常规厚层基材喷播绿化单位面积市场价 $a$ 为基准，当所采取的生境构建措施施工程造价 $\geqslant 1.2a$ 时，认为工程造价较高；当所采取的生境构建措施施工程造价 $> 0.8a$ 且 $\leqslant 1.2a$ 时，认为工程造价中等；当所采取的生境构建措施施工程造价 $\leqslant 0.8a$ 时，认为工程造价较低。

（2）维护管理费用判据

以生境构建措施施工程造价 $b$ 为基准，当维护管理费用 $\geqslant 0.4b$ 时，认为工程造价较高；当维护管理费用 $> 0.2b$ 且 $\leqslant 0.4b$ 时，认为工程造价中等；当维护管理费用 $\leqslant 0.2b$ 时，认为工程造价较低。

**3. 环境效益可行性子集 $U_3$**

环境效益是衡量生境构建是否成功的一个指标，相应的因素子集为：

$$U_3 = \{u_{31}, u_{32}, u_{33}\} \tag{6-15}$$

其中：$u_{31}$ 为绿化植物生长情况；$u_{32}$ 为绿化植物的观赏性；$u_{33}$ 为植被恢复效果。

绿化植物生长情况指植物是否达到社会期待的繁茂程度：植被覆盖率 $> 90\%$ 为优良；$90\% >$ 植被覆盖率 $\geqslant 70\%$ 为中；植被覆盖率 $< 70\%$ 为差。

绿化植物的观赏性：表现边坡绿化群落的外在形式美，量化依据是绿期长短。绿期 $> 8$ 个月为优；$8$ 个月 $\geqslant$ 绿期 $\geqslant 3$ 个月为中；绿期 $< 3$ 个月为差。

植被恢复效果指是否改善了原有硬质坡面的人工痕迹、坡面植物群落恢复到本地群落，本地植物覆盖面积占整个坡面植物覆盖面积的比率评分：所占比率 $> 60\%$ 为优；$60\% >$ 所占比率 $\geqslant 20\%$ 为中；所占比率 $< 20\%$ 为差。

**4. 评判结果**

技术可行性、经济可行性和环境效益可行性的评判结果（初次评判结果）须作定量处理，以便做最终评判（二次模糊综合判断）。为此，将初次评判结果分为大、中和小三个档次，并采用灰色系统理论中的灰色统计方法，将判断为大者赋值为 1，判断为中者赋值为 0.5，判断为小者赋值为 0。技术、经济和环境效益可行性的权重分别为 0.34、0.33 和 0.33，求和得到二次评判的结果 $v_1$。

设定二次评判的结果 $v_1 \in [0, 1]$，然后按照 $v_1$ 的大小划分生境构建可行性的等级（共 4 级）：一级：$0 \leqslant v_1 < 0.25$；二级：$0.25 \leqslant v_1 < 0.5$；三级：$0.5 \leqslant v_1 < 0.75$；四级：$0.75 \leqslant v_1 \leqslant 1$。四级生境构建可行性最佳，一级生境构建可行性最差。

### 6.3.1.2 硬质刚性支护结构坡面生境构建原理

硬质刚性支护结构边坡绿化（图 6-31）的基本特点包括：

（1）安全性必须满足要求。硬质刚性支护结构是用来提高边坡稳定性，保护边坡安全的，所有的生态绿化措施都必须在满足安全性的前提下完成。

（2）植物生长环境恶劣。硬质刚性支护结构边坡绿化具有较多的不利条件：一般不具备植物生长所必需的有机质、氮、磷等营养元素的积累，水热容量小，生态因子变化激烈、频繁；边坡坡度较大，坡比在 1 : 1 以上，土壤侵蚀容易发生。

（3）边坡绿化后养护较为困难，一旦绿化完成，经初期养护后，后期一般不再进行人工养护。

因此硬质刚性支护结构边坡绿化的要求包括：① 对安全稳定性影响小；② 为绿化植物提供稳定的养分和水分；③ 防侵蚀；④ 低强度养护甚至免养护。

综上，本节提出解决方案：采用高性能生态修复纤维防侵蚀系统技术（以下简称生态修复纤维技术）以及植被混凝土护坡绿化技术，配合适当的施工技术，可以在满足植物所需养分和水分的同时，防止雨水侵蚀并且绿化养护的强度低。在该方法中，植被混凝土的作用是为绿化植物提供稳定的养分和水分；生态修复纤维的作用是防侵蚀和降低水分蒸发；在施工和使用阶段，两项技术对边坡安全稳定性影响小。

工程经验证明，植被混凝土可以为绿化植物提供稳定的养分和水分，但是还没有工程经验能证明其用于陡坡情况下能经受雨水侵蚀，而且植被混凝土绿化工程中需要初期养护，对边坡绿化工程不利。生态修复纤维技术与植被混凝土具有很好的互补性。工程经验证明，生态修复纤维技术可以防侵蚀，且能降低水分蒸发，但是其提供营养的能力弱、储水能力低。

在本节的解决方案中，如果植被混凝土技术和生态修复纤维技术能有效结合且不产生排斥，那么就能达到硬质刚性支护结构边坡绿化的目的。然而，由于目前还没有将两者有效结合的工程案例，所以这个方案还需要工程实例提供进一步的可行性证明。需要工程验证的内容包括：① 施工技术的可行性，能否在狭窄的施工场地内完成 100m 以上水平距离的基材输送；② 生态修复纤维技术与植被混凝土的相容性，两种组成成分差异极大的绿化材料能否有效附着、共同为植物营造良好的生长环境；③ 能否实现低强度养护甚至免养护。因此，选定了位于甬台温高速公路的一处高边坡进行了现场试验。

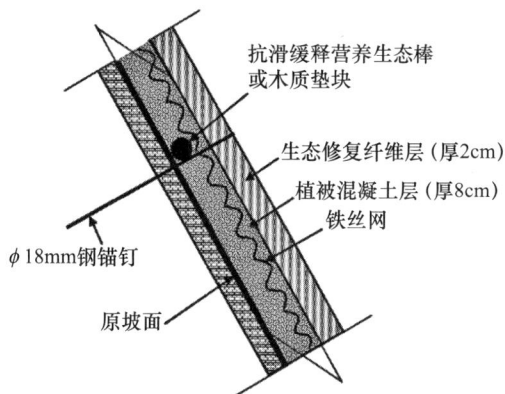

图 6-31　硬质刚性支护结构边坡绿化方法

## 6.3.2 工程应用

### 6.3.2.1 工程概况

甬台温高速公路 BP050 边坡位于甬台温高速公路左侧（以温州方向为准），里程桩号为 K1565＋635～K1566＋045，坡高约58m。该边坡 K1565＋635～K1565＋950 段采用护面墙护坡，其中 K1565＋910～K1565＋950 段于2011年9月采用锚索格构梁＋后缘混凝土封闭治理；K1565＋950～K1565＋990 段（滑坡段）在公路施工期间（2000年）曾发生滑坡，并于坡脚修建重力式挡墙进行支挡（图6-32）。2012年8月受"海葵"台风影响，K1565＋950～K1565＋990 段边坡存在再次发生滑动隐患。为此对该段滑坡采用"部分削坡＋局部锚杆挂网喷混凝土＋抗滑桩＋排水设施"进行综合治理。

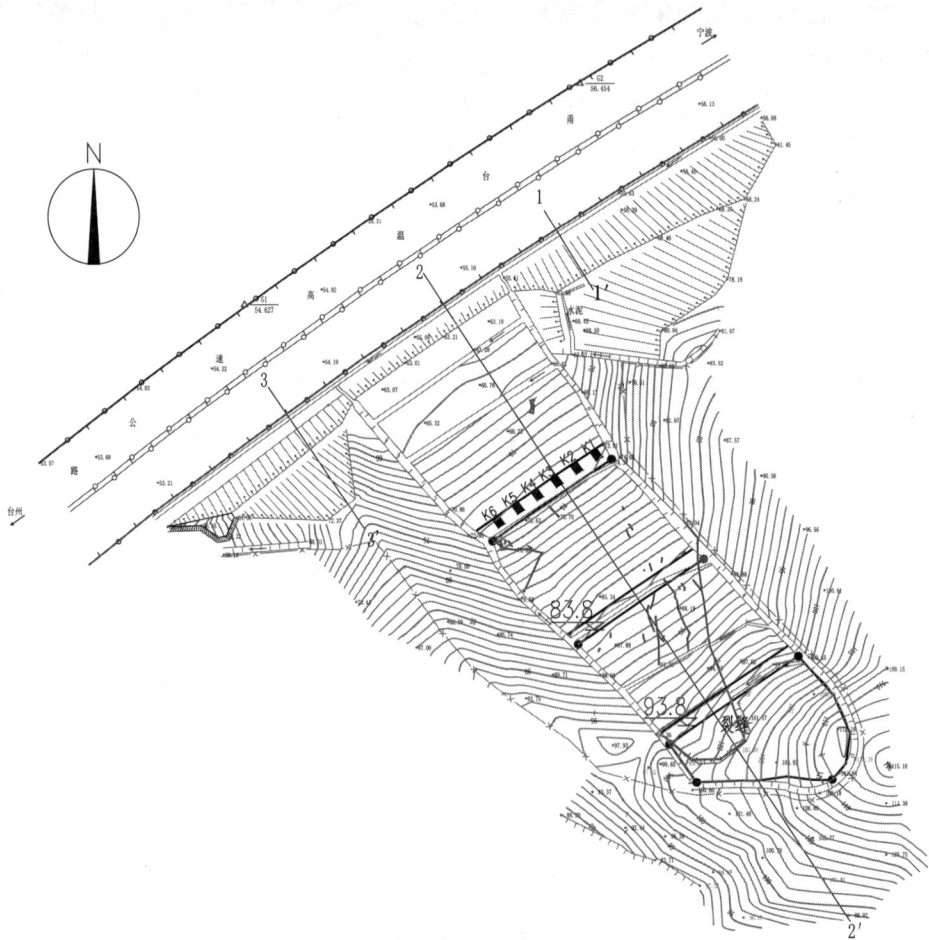

**图 6-32 边坡平面**

既有工程的坡面防护工程在解决了安全问题的同时，也造成了混凝土的硬质、灰色坡面，这与周围的生态环境格格不入，有碍协调、绿色的发展理念。选取这个边坡作为现场试验基地，进行生境构建恢复（图6-33）。

图 6-33 试验基地

## 6.3.2.2 方案设计

本研究针对该边坡进行绿化，恢复边坡植被并重建边坡生态系统，选取该边坡的挂网喷混凝土坡面（1区）、自然裸露坡面（2区）、浆砌石护面墙面（3区）及锚索格构护坡坡面（4区）进行对比试验研究（图 6-34 和表 6-7）。

图 6-34 试验边坡实景

对比试验研究区域特征与案例研究目的 　　　　　　　　　　　　表 6-7

| 区域序号 | 特征 | 研究目的 |
|---|---|---|
| 1区 | 挂网喷混凝土坡面与喷播机械水平距离 130m | 1）与抗滑缓释营养生态棒配合使用；<br>2）远距离喷播技术可行性 |
| 2区 | 自然裸露坡面 | 自然裸露边坡的适应性 |
| 3区 | 浆砌石护面墙面 | 典型坡度情况下的适应性 |
| 4区 | 锚索格构护坡坡面 | 陡坡情况下的适应性 |

以下为分区进行试验方案介绍。

## 1. 1区

1区为挂网喷混凝土坡面，试验方案如下：

锚钉：采用电锤成孔，击入锚钉，锚钉采用直径18mm的HRB400螺纹钢，锚钉位置应避开原坡面加固锚杆及泄（排）水孔位置。其结构如图6-35和图6-36所示。

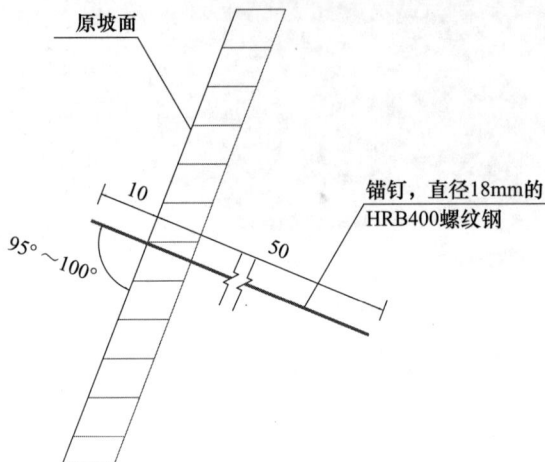

图6-35　锚钉锚固

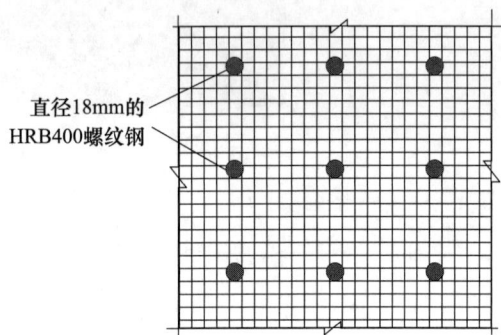

图6-36　锚钉平面布置

抗滑缓释营养生态棒：坡面先铺挂抗滑缓释营养生态棒，该棒紧贴坡面水平铺挂，相互连接，沿坡面间距2m布设，采用U形钢筋锚钉固定。

挂网：锚钉及抗滑缓释营养生态棒施工完毕后，坡面铺设14#包塑镀锌铁丝网，网面与原始坡面预留一定间距，可借助垫块或木条支撑，并与锚钉绑接牢固。如图6-37所示。

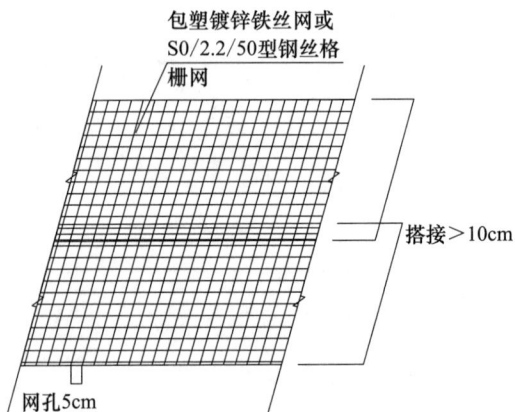

图6-37　挂网结构

生境构建基材：基层基材采用植被混凝土，表层基材采用高性能生态修复纤维。如图6-38和图6-39所示。

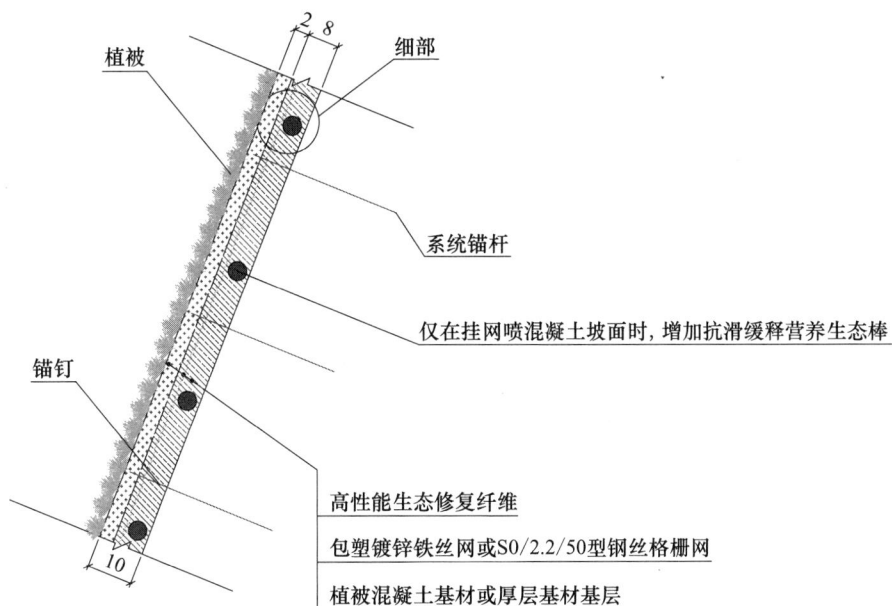

图 6-38 生态护坡结构

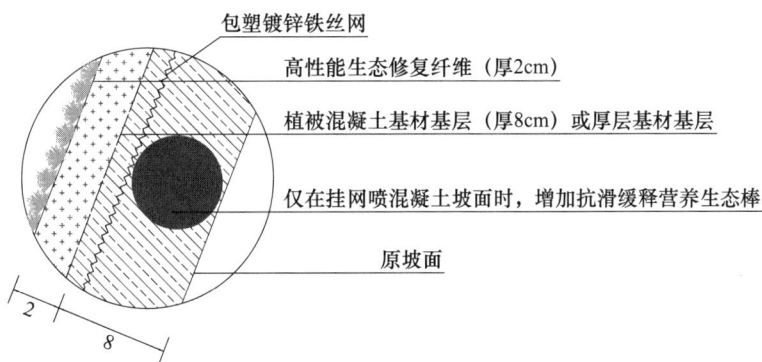

图 6-39 细部结构

该试验方案典型剖面示意图如图 6-40 所示。

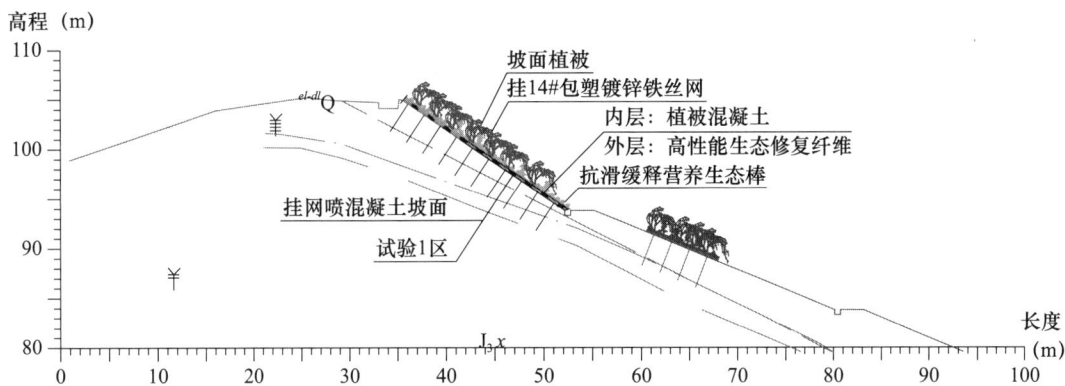

图 6-40 1区试验方案典型剖面

鉴于 1 区与 2 区位于边坡同一剖面，对它们的生境构建可行性判定可协同考虑进行：对于 1 区，根据图 6-40，滑动面坡度 27°，对应的剩余下滑力增量 $\Delta P$ 为 480N；绿化长度为 20m，相应的总下滑力增量为 9.6kN。类似的，对于 2 区，剩余下滑力增量 $\Delta P$ 为 480N；绿化长度为 8m，相应的总下滑力增量为 3.84kN。由此，可以判断对边坡稳定性影响极小。对试验 1、2 区进行了打分评估。试验 1 区、2 区的生境构建可行性评估结果为三级，可行（表 6-8）。

第 1、2 试验区生境构建技术、经济、环境效益可行性判断评价表　　表 6-8

| 量级划分 | | | | | | | | 分值 |
|---|---|---|---|---|---|---|---|---|
| 技术分（取①至⑥项分值最小者） | ① 边坡稳定性影响 | 稳定性系数减少值大于等于 0.01 | 0 分 | 其他分值，以插值法确定 | — | 0 及以下 | 10 分 | 6 分 |
| | ② 生境基材稳定性 | 小于 1.2 | 0 分 | 其他分值，以插值法确定 | — | 2 及以上 | 10 分 | 8 分 |
| | ③ 气候条件 | 有效日照时间带 0h | 0 分 | 其他分值，以插值法确定 | — | 有效日照时间带 8h | 10 分 | 8 分 |
| | ④ 坡面形态特征 | 坡率大于 1∶0.36（70°） | 0 分 | 其他分值，以插值法确定 | — | 坡率 1∶1 及以下 | 10 分 | 8 分 |
| | ⑤ 坡面渗水 | 渗水量大于 2L/（h·m²） | 0 分 | 其他分值，以插值法确定 | — | 渗水量为 0 | 10 分 | 10 分 |
| | ⑥ 施工条件 | 差 | 0 分 | 中 | 5 分 | 优 | 10 分 | 6 分 |
| 根据技术分评定技术可行性：<br>a. ≤3 分，技术可行性小；<br>b. 3～7 分，技术可行性中；<br>c. ＞7 分，技术可行性大 | | | | | | | | 6 分 |
| 技术可行性判断 | | | □大　　□中　　□小 | | | | | 中 |
| 经济分 | ① 工程造价 | 高 | 0 分 | 中 | 5 分 | 低 | 10 分 | 2 分 |
| | ② 维护管理费用 | 高 | 0 分 | 中 | 5 分 | 低 | 10 分 | 10 分 |
| 经济总分为①×0.5＋②×0.5；根据分值评定经济可行性：<br>a. ≤3 分，经济可行性小；<br>b. 3～7 分，经济可行性中；<br>c. ＞7 分，经济可行性大 | | | | | | | | 6 分 |
| 经济可行性判断 | | | □大　　□中　　□小 | | | | | 中 |
| 环境效益分 | ① 绿化植物生长情况 | 差 | 0 分 | 中 | 5 分 | 优秀 | 10 分 | 8 分 |
| | ② 绿化植物的观赏性 | 差 | 0 分 | 中 | 5 分 | 优秀 | 10 分 | 8 分 |
| | ③ 植被恢复效果 | 差 | 0 分 | 中 | 5 分 | 优秀 | 10 分 | 10 分 |
| 环境效益总分为①×0.5＋②×0.2＋③×0.3；根据环境效益总分评定环境效益可行性：<br>a. ≤3 分，环境效益可行性小；<br>b. 3～7 分，环境效益可行性中；<br>c. ＞7 分，环境效益可行性大 | | | | | | | | 8.6 分 |

续表

| 量级划分 | | | | 分值 |
| --- | --- | --- | --- | --- |
| 环境效益可行性判断 | □大 | □中 | □小 | 大 |
| 生境构建可行性判断 | 技术、经济、环境效益可行性："大"取 1 分，"中"取 0.5 分，"小"取 0 分；并分别乘以系数 0.34、0.33 和 0.33 之后求和得到 $v$。<br>一级：$0 \leqslant v < 0.25$；<br>二级：$0.25 \leqslant v < 0.5$；<br>三级：$0.5 \leqslant v < 0.75$；<br>四级：$0.75 \leqslant v \leqslant 1$ | | | 0.665 分<br>三级 |

### 2. 2 区

2 区为自然裸露坡面，试验方案如下：

锚钉：采用电锤成孔，击入锚钉，锚钉采用直径 18mm 的 HRB400 螺纹钢。

挂网：锚钉施工完毕后，坡面铺设 14# 包塑镀锌铁丝网，网面与原始坡面预留一定间距，可借助垫块或木条支撑，并与锚钉绑接牢固。

生境构建基材：基层基材采用常规厚层基材喷播绿化基层基材，表层基材采用高性能生态修复纤维。

该试验方案典型剖面示意图如图 6-41 所示。

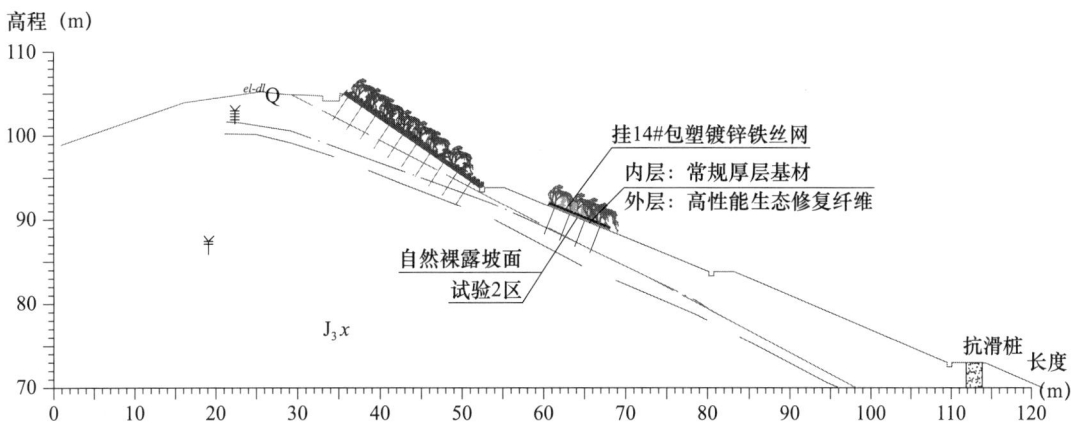

**图 6-41　2 区试验方案典型剖面示意**

### 3. 3 区

3 区为浆砌块石护面墙面，试验方案如下：

锚杆：沿坡顶周边每间隔 3.0m 距离布置一道 $2\phi16$ 钢丝绳锚杆（长 3.5m）。

支撑绳：用 $\phi12$mm 钢丝绳横穿坡顶钢丝绳锚杆鸡心环网，形成主支撑绳，张拉紧后两端各用 4 个绳卡与锚杆外露环套紧固连接。其结构如图 6-42 和图 6-43 所示。

锚钉：采用电锤成孔，击入锚钉，锚钉采用直径 18mm 的 HRB400 螺纹钢。

挂网：坡面从上向下铺挂 S0/2.2/50 钢丝格栅网。如图 6-44 所示。

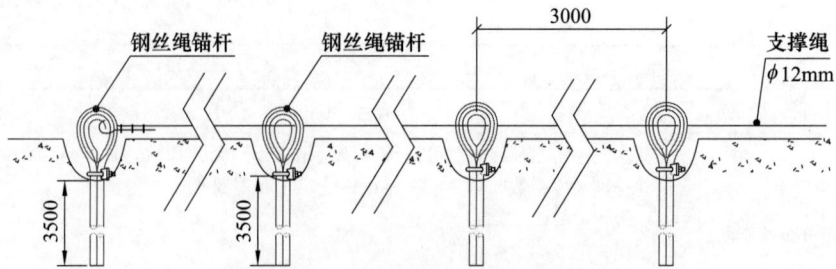

图 6-42 挂网顶部支撑绳安装示意

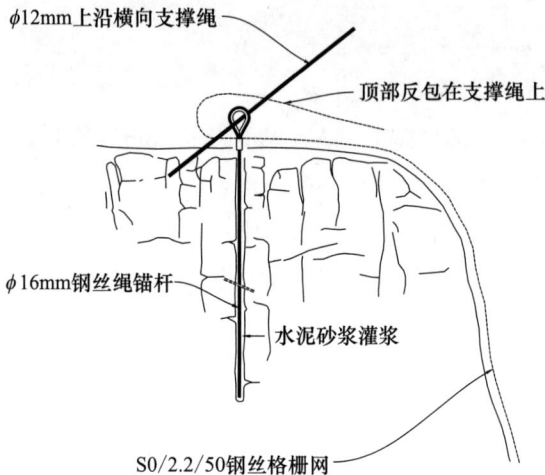

图 6-43 坡顶网面反包示意

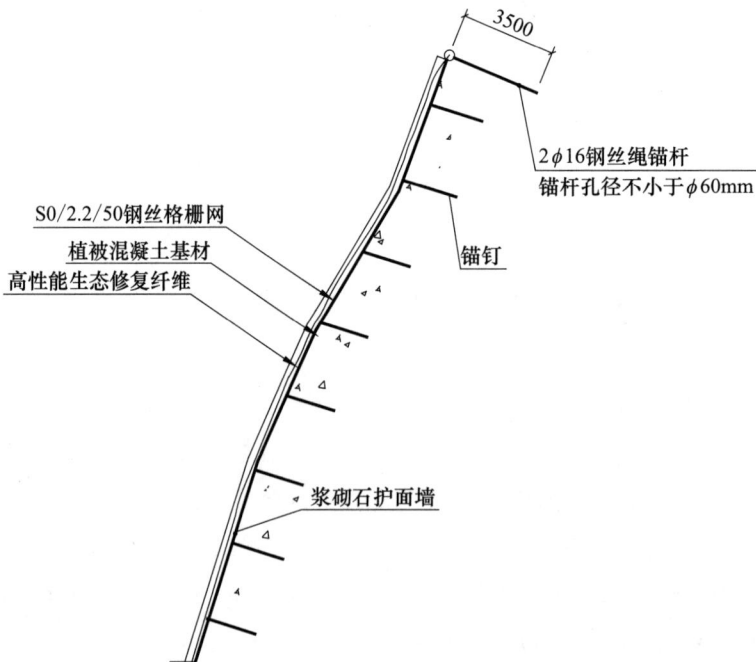

图 6-44 代表性断面示意

生境构建基材：基层基材采用植被混凝土，表层基材采用高性能生态修复纤维。

该试验方案典型剖面示意图如图 6-45 所示。

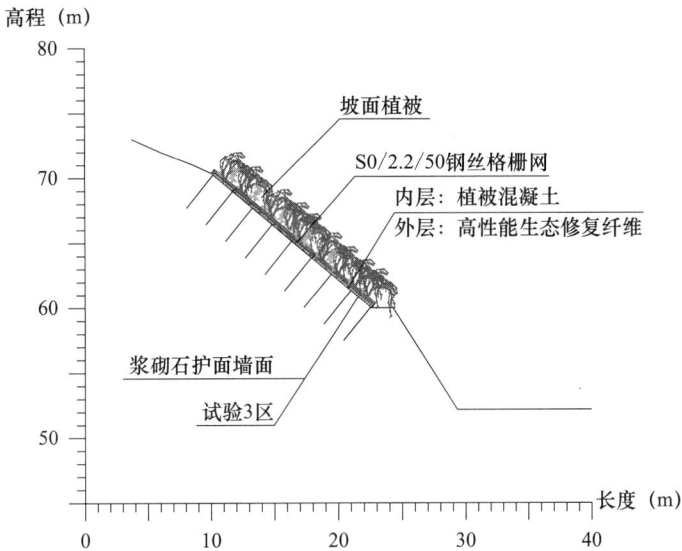

**图 6-45　3 区试验方案典型剖面示意**

对于 3 区，根据剖面图（图 6-45）并比照 1 区和 2 区的情况，判断其所在的最危险潜在滑动面坡度应远小于 27°，所以 $\Delta P$ 远小于 480N；绿化长度为 16.3m，相应的总下滑力增量远小于 7.8kN。根据工程经验判断，单位宽度上产生的下滑力远小于 7.8kN，其对稳定性系数的影响很小。对试验 3 区进行打分评估，试验 3 区的生境构建可行性评估结果为三级，可行。受限于篇幅，此处不再赘述可行性评估过程。

### 4. 4 区

4 区为锚索格构护坡坡面，试验方案如下：

锚钉：采用电锤成孔，击入锚钉，锚钉采用直径 18mm 的 HRB400 螺纹钢。

挂网：坡面铺设 14# 包塑镀锌铁丝网，网面与原始坡面预留一定间距，可借助垫块或木条支撑，并与锚钉绑接牢固。

生境构建基材：基层基材采用植被混凝土，表层基材采用高性能生态修复纤维。

该试验方案典型剖面示意图如图 6-46 所示。

对于 4 区，根据剖面图（图 6-46）判断其所在的最危险潜在滑动面坡度不大于 60°，对应的 $\Delta P$ 为 1570N；绿化长度为 6.4m，相应的总下滑力增量不大于 10kN。考虑到加固工程中锚索的抗滑能力，由绿化工程引起的下滑力增量对稳定性系数的影响很小。对试验 4 区进行打分评估，试验 4 区的生境构建可行性评估结果为三级，可行。受限于篇幅，此处不再赘述可行性评估过程。

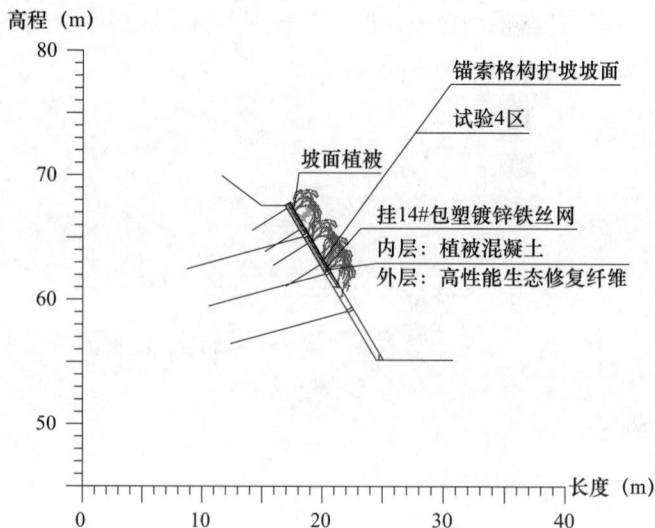

**图 6-46  4 区试验方案典型剖面示意**

### 6.3.2.3  生境构建工程实施

试验中绿化工程总体的施工过程为：① 平整坡面；② 锚钉（杆）施工；③ 网片铺挂；④ 基层基材喷植；⑤ 表层基材喷植；⑥ 开始前期养护。具体施工顺序如图 6-47 所示。

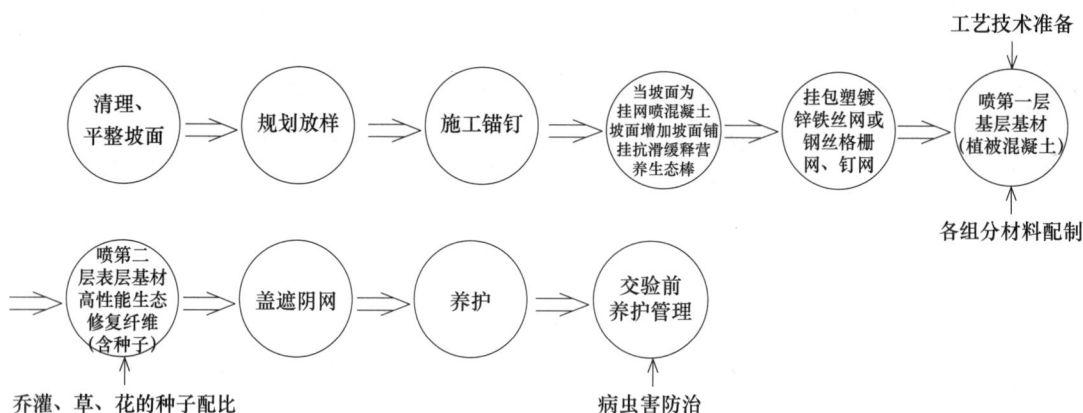

**图 6-47  施工工艺流程**

结合本工程实际，采用如图 6-48 所示的绿化方案，即植被混凝土＋生态修复纤维。2018 年 5 月 6 日开始施工，工期 1 个月，如期完成。施工过程如下：

在实施钻孔作业、锚钉安装和灌浆后，安置抗滑缓释营养生态棒（1 区）或木质垫块（2～4 区），然后铺设铁丝网，采用包塑镀锌菱形铁丝网（14#），具备使用寿命长、抗老化、抗腐蚀、防龟裂等特点；采用直径 18mm，长度 60cm 的锚钉将抗滑缓释营养生态棒或木质垫块固定在坡面上（图 6-49 和图 6-50）。

5 月 26 日，将新拌植被混凝土喷射于铁丝网（图 6-51）。植被混凝土配比如表 6-9 所示。

（a）

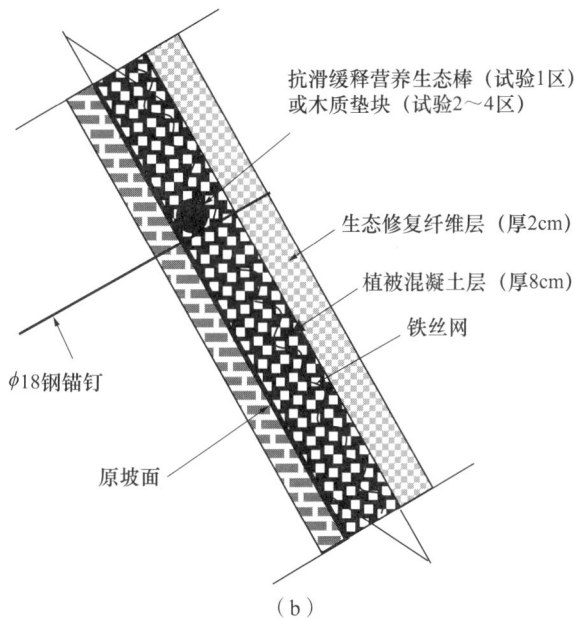

抗滑缓释营养生态棒（试验1区）
或木质垫块（试验2～4区）

生态修复纤维层（厚2cm）

植被混凝土层（厚8cm）

铁丝网

$\phi$18钢锚钉

原坡面

（b）

**图 6-48　试验边坡绿化方案**

（a）边坡绿化分区；（b）边坡绿化方法

**图 6-49　坡面设置营养棒（1区）**

**图 6-50　设置木质垫块后铺设铁丝网（3区）**

图 6-51 植被混凝土喷播（1区）

植被混凝土组分配比（1m³）                    表 6-9

| 种植土 | 水泥 | 稻壳或草纤维 | 植被混凝土添加剂 A | 植被混凝土添加剂 B |
|---|---|---|---|---|
| 144kg | 6.0kg | 20.0kg | 3.0kg | 3.0kg |

植被混凝土添加剂 A 和 B：新型添加剂能中和因水泥添加带来的严重碱性，调节基材 pH 值，降低水化热；增加基材空隙率，提高透气性；改变基材变形特性，使其不产生龟裂；提供土壤微生物和有机菌，有利于加速基材活化；含有缓释肥和保水剂。

5 月 29 日，在植被混凝土上喷播表层基材，即高性能生态修复纤维（图 6-52）。高性能生态修复纤维中含有的植物种子种类和用量如表 6-10 所示。

图 6-52 高性能生态修复纤维喷播（1区）

表层基材（高性能生态修复纤维）种子种类和用量　　　　表 6-10

| 名称 | 种类 | 用量（g/m²） |
|---|---|---|
| 灌木 | 紫穗槐 | 3.0 |
| | 胡枝子 | 3.0 |
| | 多花木兰 | 6.0 |
| | 银合欢 | 3.0 |
| | 海桐 | 3.0 |
| 草及花 | 狗牙根 | 2.0 |
| | 百喜草 | 4.0 |
| | 高羊茅 | 2.0 |
| | 黑麦草 | 2.0 |
| | 波斯菊 | 1.0 |
| | 猪屎豆 | 1.0 |

## 6.3.2.4　低强度养护对比试验

本试验方案在其余条件都相同的情况下，在同一个试验分区的不同位置分别进行常规养护与低强度养护（免养护）的对比试验，对比其绿化效果，验证本试验方案低强度养护（免养护）的可行性。养护内容主要包括：坡面植物的遮阴、浇水灌溉、病虫害防治等。养护时间：苗期 60d，生长期 300d。黑色遮阴网区域为常规养护区域，其余为低强度养护区域，如图 6-53 所示。

（a）

**图 6-53　喷播完毕后情况及养护位置**

（a）全景照

（b）

（c）

（d）

**图 6-53　喷播完毕后情况及养护位置（续）**
（b）1区、2区养护位置照片；（c）3区养护位置照片；（d）4区养护位置照片

　　喷播完毕约 1 个月后（图 6-54），坡面植被生长情况较好，此时植物开始生长，正处于苗期阶段，7 月天气炎热，太阳照射猛烈，养护区域（黑色遮阴网覆盖区域）持续进行遮阴、浇水灌溉、病虫害防治等养护工作，其余低强度养护区域任其自然生长，仅进行简易的、低频率浇水。

　　喷播完毕约 3 个月后（图 6-55），完成植物苗期养护，植物进入生长期，坡面被植被覆盖，可以看出坡面植被生长较好，且常规养护区域与低强度养护区域植被生长情况大致相同，无明显区别。

　　喷播完毕约 6 个月后（图 6-56），由于进入冬季，坡面植被有些泛黄，从植被生长情况来看，养护区域与低强度养护区域已基本无差别。

（a）

（b）

**图 6-54　喷播完毕 1 个月后情况**

（a）全景照；（b）1 区和 2 区照片

（c）

（d）

**图 6-54　喷播完毕 1 个月后情况（续）**

（c）3 区照片；（d）4 区照片

（a）

**图 6-55　喷播完毕 3 个月后情况**

（a）1 区和 2 区照片

（b）

（c）

**图 6-55 喷播完毕 3 个月后情况（续）**

（b）3 区照片；（c）4 区照片

（a）

**图 6-56 喷播完毕 6 个月后情况**

（a）1 区和 2 区照片

（b）

（c）

**图 6-56　喷播完毕 6 个月后情况（续）**

（b）3 区照片；（c）4 区照片

2019 年 6 月底，在喷播实施 1 年之后，坡面植物长势良好，而且本地植物物种开始进入坡面的植物群落（图 6-57）。

（a）

**图 6-57　喷播完毕一年后情况**

（a）1 区和 2 区照片

（b）

（c）

**图 6-57 喷播完毕一年后情况（续）**

（b）3 区照片；（c）4 区照片

经过一年的跟踪对比分析，从坡面植物生长情况来看，常规养护区域和低强度养护区域最终达到的坡面绿化效果大致相同，说明本生境构建技术在该时间阶段实行低强度养护是可行的，能够达到预期的效果。

### 6.3.2.5 应用效果

为更好地掌握该技术的应用效果，对本工程坡面植物生长进行了长期观测。结果表明，降雨不会对边坡和绿化工程造成破坏。在高性能生态修复纤维喷播实施后的 3 个月内，经历了三场台风暴雨（台风"安比""摩羯"和"温比亚"）的考验，未观测到明显的侵蚀现象，坡面植物长势良好，边坡无变形（图 6-58）。在高性能生态修复纤维喷播实施一年之后（图 6-59），特别是经历了 2019 年第 9 号超强台风"利奇马"（8 月 10 日在浙江温岭登陆，为 1949 年以来登陆浙江第三强的台风），坡面基材未见明显冲刷侵蚀现象，坡面植物长势良好，而且本地植物物种开始进入坡面的植物群落。喷播完毕后 3 年坡面情况如图 6-60 所示，本地植物与坡面植物已形成自然演替。

（a）

（b）

（c）

图 6-58　经历夏季高温和 3 场台风后的边坡坡面植物

（a）1 区和 2 区；（b）3 区；（c）4 区

图 6-59　喷播完毕 1 年后全景照

图 6-60　喷播完毕 3 年后照片

通过现场试验，本技术的适应性和可行性得到了验证，并且具有对边坡安全稳定性影响小、绿色植物养护强度低的特点：

（1）技术具有可行性。本高速公路边坡绿化案例中，植被混凝土层的喷播过程中没有占用车道，在与试验边坡相距 150m 处进行植被混凝土制备作业，顺利完成喷播；高性能生态修复纤维喷播仅占用一条行车道，在 2d 时间内完成 4 个试验区的喷播工作。工程案例证明，对于施工场地有严格要求的高速公路边坡绿化，本研究的技术具有可行性。

（2）技术能适应于挂网喷混凝土坡面、自然裸露坡面、浆砌石护面墙面、锚索格构护坡坡面。以上所述坡面的绿化试验表明，这两种组成成分差异极大的绿化材料能有效附着；坡面植物长势良好。证明生态修复纤维技术与植被混凝土具有相容性，且适用于自然裸露边坡，也适应于陡坡和典型硬质刚性支护结构边坡，且能与其他绿化技术配合使用。

（3）对边坡安全稳定性影响小。生态修复纤维与植被混凝土的总厚度只有 10cm，且绿色植物（草、灌木）引起的荷载增加值小，因此对边坡安全稳定性影响小。另外，在绿化施工过程中，无需大型机械作业，对坡面扰动小，没有造成边坡安全稳定性问题。施工过程和植物养护期间，未发现边坡变形等问题。

（4）实现低强度养护。在生态修复纤维喷播实施的 3 个月内，仅仅只进行了 7d 的初期养护；在此期间边坡经历了夏季高温和台风暴雨的考验，未观测到明显的侵蚀现象，经过连续数年的跟踪观测，坡面植物依然长势良好，证实了低强度甚至免养护的可行性。

# 第 7 章 有限空间复杂地层边坡支挡技术

边坡防治工程中，主要有削坡、支挡、锚固、浅表防护、绿化、排水等技术手段，其中广泛应用的支挡技术包括抗滑桩和挡墙。在山地斜坡进行工程建设时，往往由于开挖形成大型边坡，当面临不利地质条件且受限于场地平面布置时，采用传统抗滑桩支挡存在抗滑能力有限、工期也受到影响等难题。在紧邻已有建（构）筑物进行工程建设时，由于场地高差形成边坡需要支挡来保护新旧建（构）筑物，在有限空间范围内进行支挡，往往面临安全性、经济性差，对周边环境扰动大等不利情况。

本章提出 h 型抗滑桩处治技术和临近建（构）筑物的微扰动桩基托梁挡墙处治技术。前者运用于大型边（滑）坡中，具有更高的承载力，提供了更好的抗滑效果；后者运用于有限空间场地支挡中，扰动少且提供了更好的承载力、稳定性。

## 7.1 h 型抗滑桩处治技术

抗滑桩通过桩身下部稳定地层承受滑坡推力和岩土压力等作用力，其抗滑能力强、布置灵活，能及时对边坡进行预加固，提高边坡抗滑力，保证边坡稳定安全。

h 型抗滑桩作为一种新型支挡形式，在理论研究及实际应用中均较少。h 型抗滑桩是从门式抗滑桩发展而来的，利用连系梁连接前、后排桩形成组合式抗滑结构。相比门式抗滑桩，h 型抗滑桩放入后排桩增加了悬臂段，可以更好地起到收坡作用，减小开挖。

h 型抗滑桩可以单独使用（图 7-1），也可以与锚杆锚索联合形成支护体系（图 7-1），能更好地控制桩的位移、改善桩体内力，桩的布置更灵活。

h 型抗滑桩平面布置形式有梅花式、丁字式、三角式和矩形式，如图 7-2 所示。

### 7.1.1 技术原理

#### 7.1.1.1 滑坡推力计算

抗滑桩承受的荷载主要是滑坡推力，滑坡推力的计算对抗滑桩设计起着至关重要的作用。国内最常用的计算滑坡推力的方法是传递系数法，具体包括隐式解法和显示解法。相对于显示解法，隐式解法计算比较复杂，需要迭代运算，计算量大。

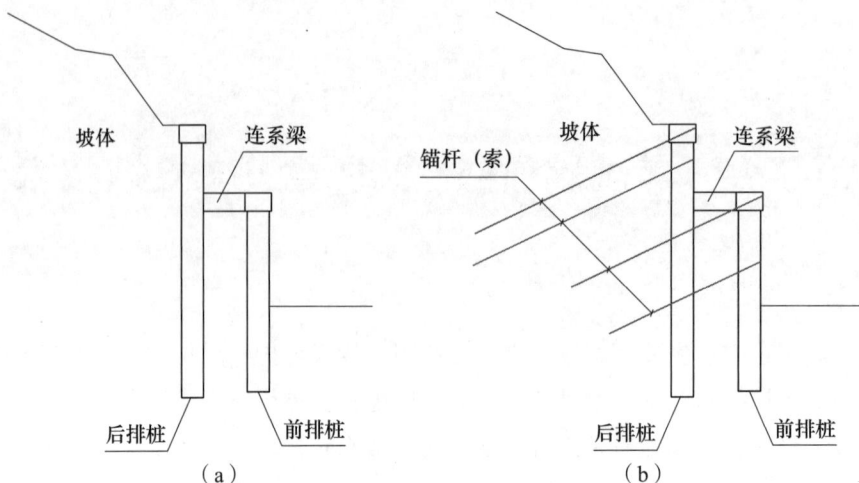

**图 7-1　h 型抗滑桩支护形式**

（a）h 型抗滑桩；（b）h 型抗滑桩联合锚杆（索）

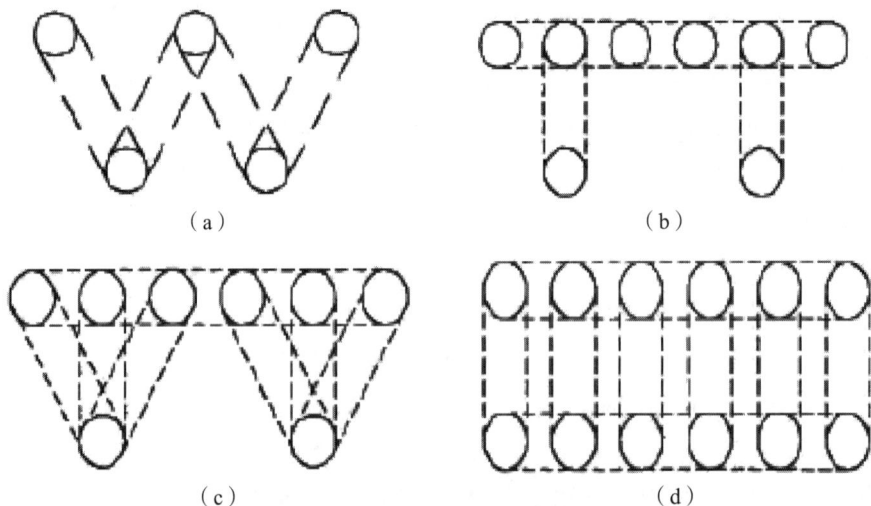

**图 7-2　h 型抗滑桩平面布置形式**

（a）梅花式；（b）丁字式；（c）三角式；（d）矩形式

### 7.1.1.2　滑坡推力分布

滑坡推力的分布对抗滑桩的设计影响很大。在计算滑坡推力时，通常假定滑坡体沿滑动面均匀下滑。滑坡推力分布形式根据岩土体的性质、厚度和桩身变形限制条件等因素确定，可采用三角形、梯形或矩形等简化分布模型（图 7-3）。

当滑体为砾石类土或块石类土时，下滑力采用三角形分布；当滑体为黏性土时，采用矩形分布；介于两者之间时，采用梯形分布。此外，根据中铁二院工程集团有限责任公司两种模拟滑体的抗滑桩模型试验结果，当滑体为松散介质时，下滑力的重心约在滑动面上桩长 1/4 处；当滑体为黏性土时，虽然比松散介质稍高，但也未超过滑动面以上桩长的 1/3。另外，从多次试验的结果可看出，滑体的完整性越好，其下滑力的重心越低。

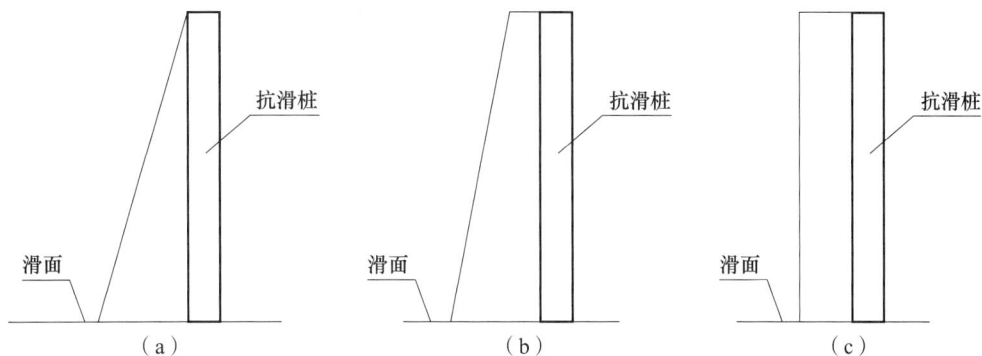

**图 7-3　滑坡推力分布形式**
（a）三角形分布；（b）梯形分布；（c）矩形分布

## 7.1.1.3　弹性地基梁原理

在计算滑动面以下桩身内力和变位时，应根据滑动面处的弯矩、剪力和锚固段地基的弹性抗力进行计算，可采用地基系数法，并根据地基系数的分布情况选用相应的计算方法。

较完整岩层和硬黏土的地基系数为常数 K，采用"K"法进行计算。硬塑—半干硬砂黏土及碎石类土、风化破碎的岩块，当桩前滑动面以上无滑坡体和超载时，地基系数为三角形分布；当桩前滑动面以上有滑坡体和超载时，地基系数为梯形分布；地基系数分布为三角形和梯形时采用"m"法进行计算。

## 7.1.1.4　h 型抗滑桩结构受力分析

### 1. 基本假定

h 型抗滑桩作为一种组合式结构，连系梁与前、后排桩的连接为整体刚性连接，可简化为平面钢架结构。

由于前、后排桩相比连系梁长度大得多，截面尺寸相当时，连系梁刚度比前后排桩刚度大，将连系梁作为没有变形的刚体，拉伸和压缩变形量很小，故可视为连系梁两端与前、后排桩处的位移与转角相等。

### 2. 受力传递规律分析

对有潜在滑动面的边坡及滑坡产生的作用力（取剩余下滑力与主动岩土压力两者中的较大值），首先直接作用在 h 型抗滑桩的后排桩，然后通过连系梁和桩间岩土体传递到前排桩，前排桩的存在可以更好地增加后排桩的抗滑能力，前、后排桩协调受力，同时把作用力传递到滑动面以下稳定地层，这样便形成前后排桩、连系梁、桩间岩土体和稳定地层共同抵抗作用力，保证边坡的安全稳定。

### 3. 结构受力计算

将 h 型抗滑桩进行受力分析，以滑动面为分界线分为两部分，即滑动面以上结构部分和滑动面以下结构部分。

（1）滑动面以上结构受力

h 型抗滑桩作为超静定结构。结构受力包括后排桩受到作用力 $P_1$、后排桩受到桩间岩

土抗力 $P_2$、前排桩受到桩间岩土压力 $P_3$，如果前排桩存在桩前岩土体，则有前排桩桩前岩土体抗力 $P_4$（图 7-4）。

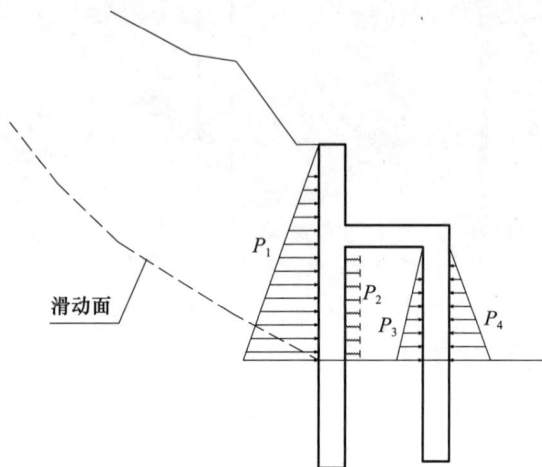

图 7-4　h 型抗滑桩滑动面以上受力模型

（2）滑动面以下结构受力

滑动面以下桩体内力，根据滑动面处的弯矩（$M_1$、$M_2$）和剪力（$Q_1$、$Q_2$），采用地基系数法计算（图 7-5）。桩底支承结合岩土层情况和桩基埋入深度按自由端、铰支端或固定端考虑。

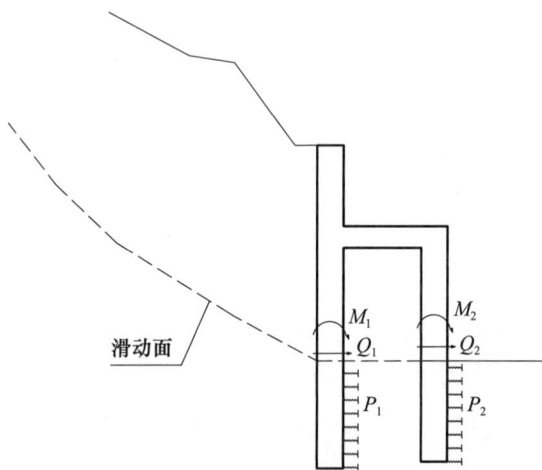

图 7-5　h 型抗滑桩滑动面以下受力模型

## 7.1.2　工程应用

### 7.1.2.1　工程概况

某生活垃圾焚烧发电项目所处自然山体斜坡，地形高低起伏，峰谷相间，自然斜坡坡形多为凸形，斜坡坡度 15°～35°，局部达 40°。现状工程场地红线范围内原始地形标高在＋80m～＋117m，与拟建场地主体标高＋93m之间最大垂直高差约24m，项目区后缘山体地形标高持续抬升，最高处可达＋366m。现状场地植被较为发育（图7-6）。

**图 7-6 场地全景及拟建边坡位置示意**

根据现场边坡情况，对边坡分区段叙述如下。

一区边坡：位于场地西南侧，边坡总长度约133m。现状为由切坡建房形成的陡坎，高度2～6m，坡度较陡，60°～80°，坡面出露的岩土体以表部残坡积覆盖层及全风化砂岩为主。

二区边坡：位于场地南侧及东南侧，边坡总长度约340m。现状为自然山体斜坡，植被发育良好，自然坡度15°～25°，由北向南标高逐步抬升。场地设计标高与自然地形之间高差大，边坡工程实施后形成的临空面较为高陡，根据勘察揭示的地质情况，边坡岩体存在顺坡向缓倾不利结构面，且地层中存在泥质粉砂岩、构造破碎带等相对软弱地层，开挖后易产生深层顺坡向滑移。

**1. 工程地质条件**

由上至下岩土层分为素填土层、含碎石黏性土、含黏性土碎石、全—中风化砂岩、强—中风化泥质粉砂岩、构造破碎带。边坡岩土体物理力学参数见表7-1。

对边坡稳定有较大影响的岩土层主要为表部残坡积覆盖层、构造破碎带、泥质粉砂岩，分别评述如下：（1）表部残坡积覆盖层含碎石黏性土及含黏性土碎石，结构松散，自稳能力差，开挖后在二区边坡西侧及东侧局部出露较厚；（2）构造破碎带分布于基岩层内，岩体破碎，岩芯呈碎块状，局部有黏性土充填，性质差，开挖后将在二区边坡中间区段下部坡面出露，存在沿构造破碎带发生整体滑移可能；（3）强—中风化泥质粉砂岩在坡体内呈顺坡向缓倾层状分布，该层岩体破碎，节理裂隙发育，局部夹泥岩，遇水易软化，前缘进行大面积开挖卸载后，在强降雨等不利条件下，该层中的节理裂隙或泥岩充填物可能形成贯通界面，从而引发边坡顺坡向的深层滑移失稳。

边坡岩土体物理力学参数　　　　　　　　表 7-1

| 岩土层 | 天然密度 $(kN/m^3)$ | 饱和密度 $(kN/m^3)$ | 天然快剪或边坡岩体等效内摩擦角 | | 饱和快剪或边坡岩体等效内摩擦角 | | 岩石天然单轴抗压强度 (MPa) | 岩石饱和单轴抗压强度 (MPa) | 锚固体极限粘结强度标准值 (kPa) | 地基土承载力特征值 $f_{ak}$ (kPa) |
|---|---|---|---|---|---|---|---|---|---|---|
| | | | $c$ (kPa) | $\varphi$ (°) | $c$ (kPa) | $\varphi$ (°) | | | | |
| ⑨₁ 含碎石黏性土 | 18.5 | 19.5 | 26.8 | 23.3 | 16.0 | 10.0 | — | — | 40 | 140 |
| ⑨₂ 含黏性土碎石 | *19.1 | *20.4 | *5.5 | *31.0 | *3.0 | *25.0 | | | 200 | 240 |
| ⑩₁ 全风化砂岩 | *18.8 | *19.8 | *25.0 | *28.0 | *22.0 | *20.0 | — | — | 50 | 160 |
| ⑩₂ 强风化砂岩 | *26.2 | *26.4 | — | 47.0 | | 44.0 | — | — | 400 | 350 |
| ⑩₃ 中风化砂岩 | 26.3 | 26.5 | — | 52.0 | | 49.0 | 30.8 | 21.2 | 800 | 600 |
| ⑪ 构造破碎带 | *18.2 | *19.5 | *11.0 | *20.0 | *9.5 | *17.5 | — | — | 20 | |
| ⑫₂ 强风化泥质粉砂岩 | *25.4 | *25.6 | — | 40.0 | | 37.0 | — | — | 350 | 300 |
| ⑫₃ 中风化泥质粉砂岩 | 25.8 | 26.0 | — | 48.0 | | 45.0 | 25.2 | 14.6 | 600 | 500 |

注：* 为经验取值。

**2. 水文地质条件**

场地东南侧和西南侧分布有两处水库，水质清澈，水库坡脚开挖有泄洪通道，勘查期间泄洪通道内水位较浅，水深约 1m。场地前缘分布有鱼塘和部分水塘。场地勘探深度内地下水类型根据地下水赋存条件、水理性质、水力特征及埋藏条件，主要为孔隙潜水和基岩裂隙水。

### 7.1.2.2　设计思路

对于二区边坡，为前缘深切的顺向坡，是本工程重点防护区域，有以下两种设计思路：一是顺层清方，二是采取强支挡措施。本工程边坡后缘地形持续走高，且地层产状呈缓倾状，接近自然斜坡坡度，若采用顺层清方，工程量极大且对环境破坏严重，难以实际实施。故针对本工程实际情况，需采取强支挡的设计思路进行治理。结合本工程地形、地质情况及总图布置，二区边坡具体设计思路如下。

**1. 固脚强腰、分级加固**

受控于边坡岩体发育的顺坡向不利结构面及软弱层状地层，滑体沿层面滑移后若不能及时进行加固，就有可能继续依附于坡体结构面发生更大范围的滑动，故对高度较高的顺层边坡宜设置预加固工程，通过加固高边坡应力集中和潜在剪出口发育的下部边坡，对高边坡起到固脚作用，控制边坡整体稳定性；通过高边坡中部设置加固工程，防止潜在滑面从半坡剪出，对高边坡起到强腰作用。另外，顺层边坡往往存在多层潜在滑面，开挖一旦揭穿潜在滑面将可能造成上部岩土体发生滑移，故应进行分级加固。

**2. 减少开挖、及时收坡**

边坡开挖后，临近坡面一定范围内的岩土体性质劣化，参数降低，对于顺层斜坡，开挖后常出现依附于层面的顺层滑坡，且随着时效作用，坡体变形范围不断扩大。故对此类前缘深切的顺层边坡，在无法顺层清方的情况下，不宜进行大规模开挖；否则，一旦顺层边坡发生变形或破坏，将导致后期加固支挡工程规模大幅攀升。故应采取减少开挖、及时收坡的思路，以有效控制潜在滑面的力学参数下降幅度和坡体结构在工程开挖扰动以后的损伤程度，减小顺层边坡的工程补偿力度。

**3. 重视排水、兼顾绿化**

水对边坡稳定性的影响极大，水的渗入一方面增加了滑体的重度，增大下滑力，另一方面改变了岩土体及其结构面的性质，软化坡体中的地质界面，降低抗剪强度，故应充分重视并加强边坡排水工程的布置。另外，结合主体工程性质，边坡加固防护措施在解决工程安全的基础上，应尽可能兼顾环境绿化要求。

综上所述，二区场区地形和场地设计标高之间高差大，且边坡岩体破碎，存在可能贯通的顺坡向软弱地层，贯彻"固脚强腰、分级加固、及时收坡"的治理原则，对边坡采取强支挡措施，结合地表、地下排水疏排边坡水体，并对高陡坡面进行适当绿化，达到综合治理的目的。

## 7.1.2.3　设计方案

为贯彻以上设计思路，根据坡高、坡向、地质条件等特征，对边坡分区段进行治理（图 7-7 和图 7-8）。其中二区边坡 LM 段采用削（清）坡、锚杆（索）h 型抗滑桩、预应力锚杆格构梁、绿化措施、排水设施进行综合治理，具体方案详述如下。

（1）削（清）坡：抗滑桩以上分两级放坡，单级坡高控制 8m，平台宽度 2m，起坡位置为抗滑桩冠梁边界外推 1.5m，坡率自下往上分别为 1:0.75、1:1，削坡后进行清坡。

（2）锚杆（索）h 型抗滑桩：h 型抗滑桩由前排桩、后排桩、桩顶冠梁、连系梁及桩间挡土板组成，前、后排桩的平面位置呈梅花形交错布置，排距 6m（中对中），桩顶设置钢筋混凝土冠梁，悬臂段桩间设置挡土板，并采用连系梁将前排桩桩顶与后排桩桩身相连形成整体排架结构。前、后排桩均采用桩径 2m 的圆形桩，桩身混凝土强度等级 C30，桩间距 4m（中对中），后排桩桩长 21.6~22.6m，前排桩桩长 13.6~19.6m。前排桩布置一排锚索＋两排预应力锚杆，后排桩布置两排锚索。锚杆（索）锚固定于冠梁或抗滑桩悬臂段上，水平间距 4m，竖向间距 3m，其中顶排锚杆（索）距离冠梁顶 0.3m。锚索采用压力分散型预应力锚索，每孔配置 9 根公称直径 15.2mm、强度 1860MPa 的无粘结钢绞线，锚孔直径 130mm，锚索倾角 25°，注浆强度 35MPa；预应力锚杆锚筋采用直径 32mm 的 PSB930 预应力螺纹钢筋，锚孔直径 130mm，倾角 25°，注浆强度 30MPa。

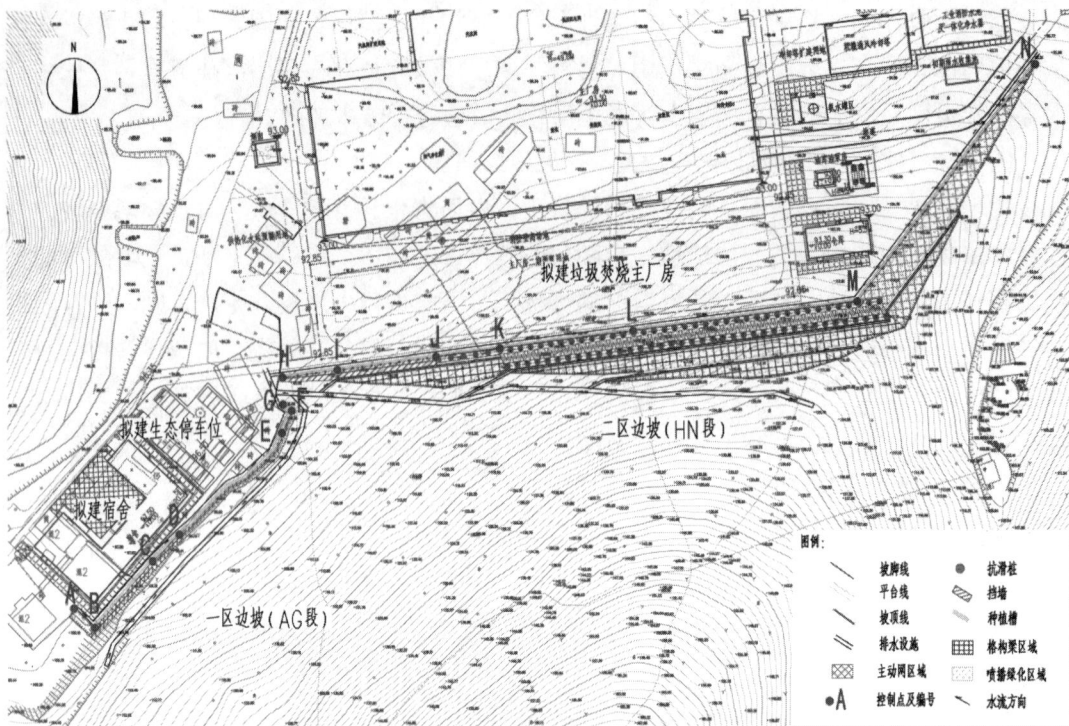

图 7-7 边坡平面布置

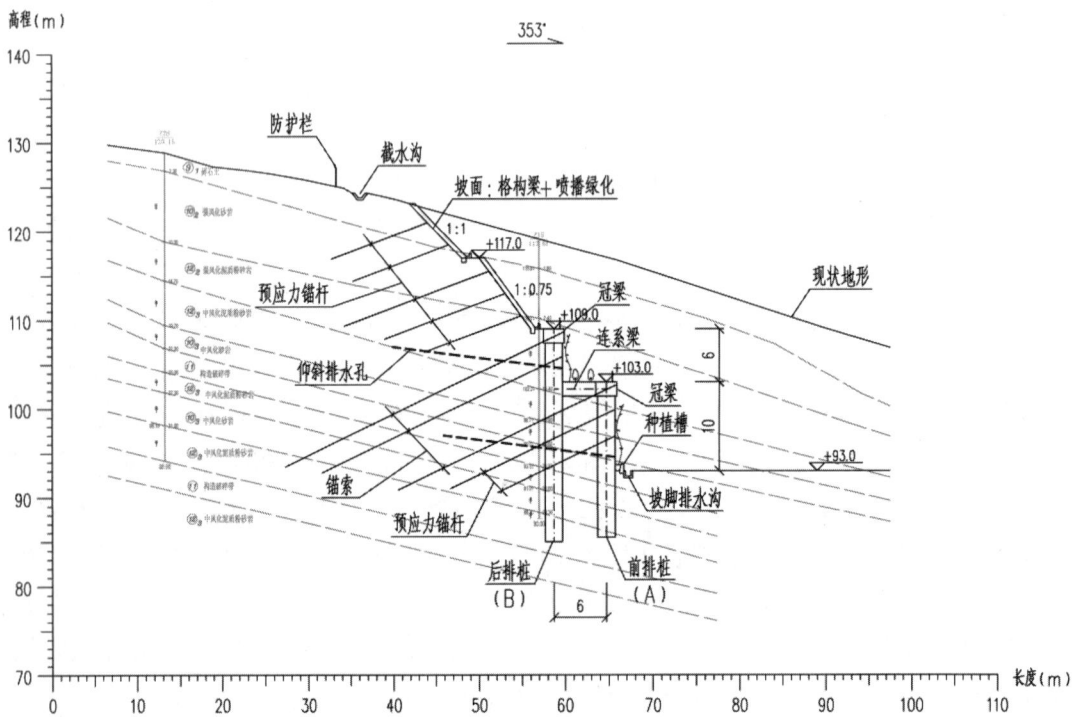

图 7-8 二区边坡 LM 段治理剖面

（3）预应力锚杆格构梁：对抗滑桩以上开挖坡面采用预应力锚杆格构梁进行加固。预应力锚杆间距 4m（水平）×2.5m（垂直），正方形布置，锚固于格构节点处，锚筋采用直径 32mm 的 PSB930 预应力螺纹钢筋，锚孔直径 130mm，倾角 20°，注浆强度 30MPa。格构梁采用间距 4m（水平）×2.5m（垂直）的方形格构梁，断面尺寸 400mm×500mm，采用 C30 混凝土现浇，浇筑前坡面铺设 G/H/2.2/50/2.25×9.2 钢丝格栅网。

（4）绿化措施：预应力锚杆格构梁施工完毕后，对坡面及边坡平台进行喷播绿化；抗滑桩坡脚布置种植槽进行绿化，桩间平台进行撒播绿化及种植绿化。

（5）排水设施：1）地表排水：设置排水沟、截水沟等地表排水设施，相互贯通衔接，协同排水；2）地下排水：在前、后排桩桩间悬臂段标高＋94.5m、＋104.5m 处分别设置一排仰斜式排水孔，排水孔水平间距 4m，孔深 20m。

### 7.1.2.4　边坡稳定性分析

#### 1. 边坡破坏模式分析

二区边坡 LM 段为岩质边坡，破坏模式主要取决于岩体中存在的各种结构面及岩体本身性质。根据边坡的工程地质特点，本工程岩质边坡破坏模式需考虑以下两类情况。

（1）受结构面控制的破坏模式。根据区域地质情况及现场地质调查，发育三组结构面（图 7-9）：① 5°∠20°；② 304°∠79°；③ 27°∠85°。其中缓倾北向的结构面（产状：5°∠20°），局部有泥质碎屑充填，性质差。对本段边坡进行赤平投影分析表明，在该组结构面控制下，边坡前缘深切开挖后极易引发顺坡向滑移。

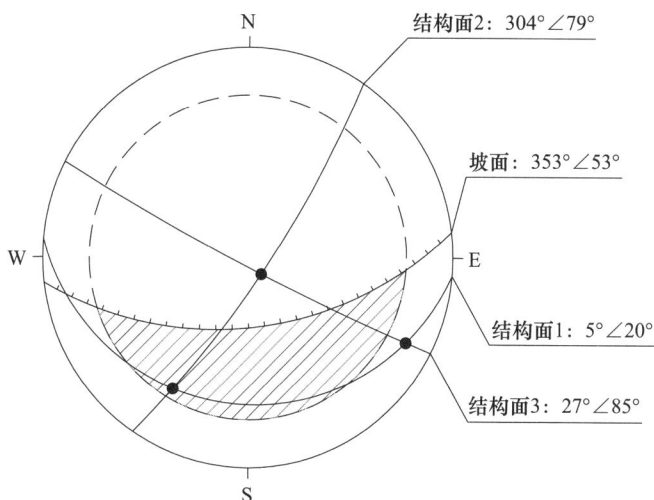

图 7-9　赤平投影

结合本工程岩体结构，可能的破坏模式为：开挖松动影响范围内岩土体，底部沿顺坡向结构面（① 5°∠20°）滑动，后缘由两组陡倾的结构面（② 304°∠79°、③ 27°∠85°）的组合交棱线（产状：322.3°∠78.4°）切断后，从开挖面前缘剪出，如图 7-10 所示。

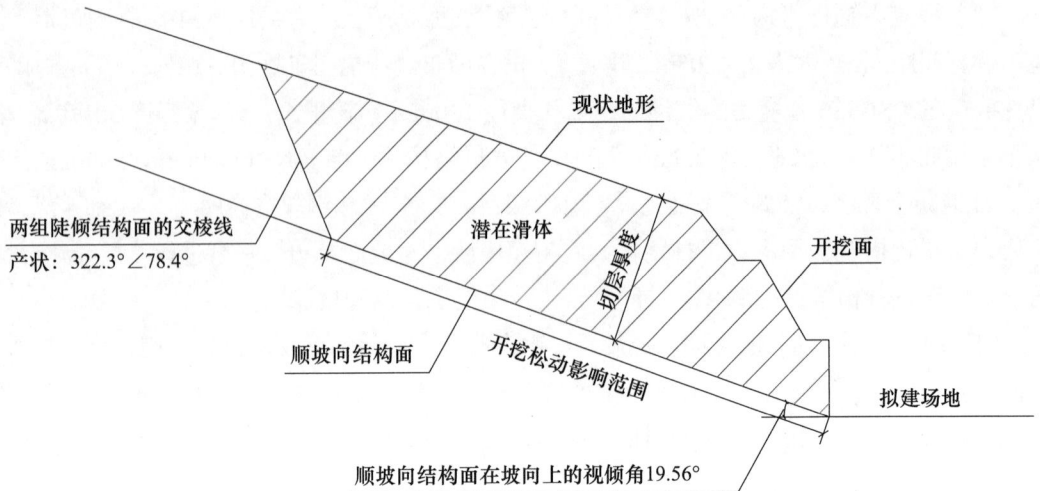

**图 7-10　顺向坡沿结构面破坏模式示意**

　　开挖松动影响范围的确定关系到所涉工程的大小，是需重点关注的问题，范围过大，甚至一坡到顶，将导致工程经济性偏差；范围过小，将可能导致工程力度偏小，使得边坡失稳和工程破坏。根据国内相关案例及类似经验，在不设支挡条件下，开挖松动区沿层面影响范围与切层厚度之比为 4～6.5；设支挡条件下，开挖松动区沿层面影响范围与切层厚度之比为 3～5，本工程拟在开挖面前缘设置锚索抗滑桩等预加固工程，故本次取 4。受结构面控制的破坏模式，采用传递系数法计算。

　　（2）受岩体强度控制的破坏模式。本工程边坡岩体饱和单轴抗压强度普遍低于 30MPa，以软岩—较软岩为主，岩体破碎、节理裂隙发育，岩层中夹杂不规则的黏性土充填物，且存在构造破碎带，在复杂的地应力、开挖卸荷及下滑推力作用、地表水下渗的影响下，岩体挤压变形将表现出类似土层的性质，结合本段边坡地层呈层状分布的特点，尚需考虑类土质的折线形破坏模式，采用传递系数法计算（图 7-11）。

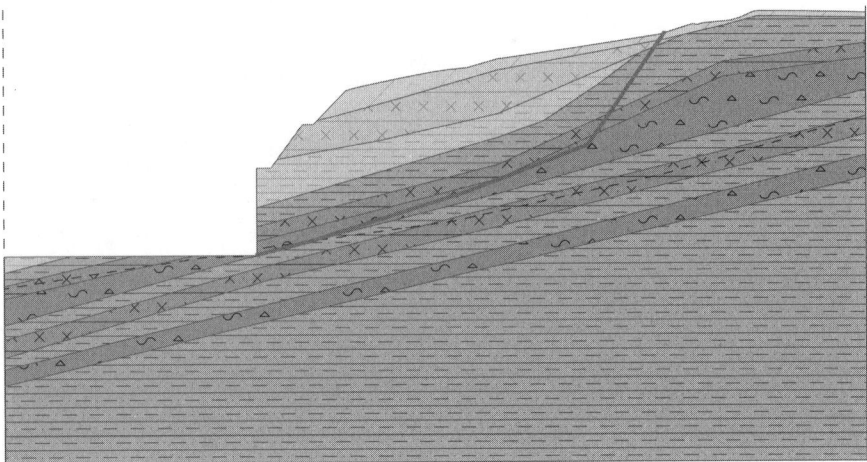

**图 7-11　剩余下滑力计算模型**

**2. 计算标准及结构面参数**

（1）计算标准

本工程属于永久性边坡，边坡工程安全等级为一级。

二区 JK 段切坡深度大，开挖后易产生顺层滑移，产生滑坡灾害，故结合现行国家标准《滑坡防治设计规范》GB/T 38509，考虑工况 I（基本荷载）和工况 II（基本荷载＋降雨）进行计算，设计安全系数要求分别达到 1.35、1.25。

（2）结构面参数

本边坡岩体结构面属软弱结构面，结合很差，参考现行国家标准《建筑边坡工程技术规范》GB 50330 及《工程岩体分级标准》GB/T 50218，黏聚力 $c$ 取值 20～50kPa，内摩擦角 $\varphi$ 取值 12°～18°。降雨的情况下（即工况 II），雨水的入渗将导致水位抬升，并使一部分结构面浸润、软化，因而考虑在规范取值基础上适当降低，具体取值如表 7-2 所示。

边坡岩体结构面参数取值　　　　　　　　　表 7-2

| 序号 | 工况 | 黏聚力 $c$（kPa） | 内摩擦角 $\varphi$（°） |
|---|---|---|---|
| 1 | 工况 I | 40.0 | 16.5 |
| 2 | 工况 II | 37.0 | 15.0 |

**3. 计算结果**

边坡开挖后剩余下滑力计算结果见表 7-3。

边坡开挖后剩余下滑力计算结果　　　　　　表 7-3

| 序号 | 破坏模式 | 工况 | 计算结果（kN/m） | 下滑力角度（°） | 桩身水平向受力（kN/m） |
|---|---|---|---|---|---|
| 1 | 按不利结构面控制 | 工况 I | 2048.96 | 19.56 | 1930.72 |
| 2 | | 工况 II | 2099.71 | 19.56 | 1978.54 |
| 3 | 按岩体强度控制 | 工况 I | 2019.05 | 13.47 | 1963.51 |
| 4 | | 工况 II | 1814.15 | 11.24 | 1779.35 |

注：工况 II 中，结构面控制的破坏模式下，按结构面强度降低考虑；岩体强度控制的破坏模式下，按水位线抬升 2m 考虑。

由表 7-3 可知，作用在抗滑桩上的下滑力（水平向）最大约 1978.54kN/m，由此对 h 型抗滑桩进行内力、位移计算，并根据抗滑桩内力对相关钢筋混凝土构件进行配筋（图 7-12 和图 7-13）。

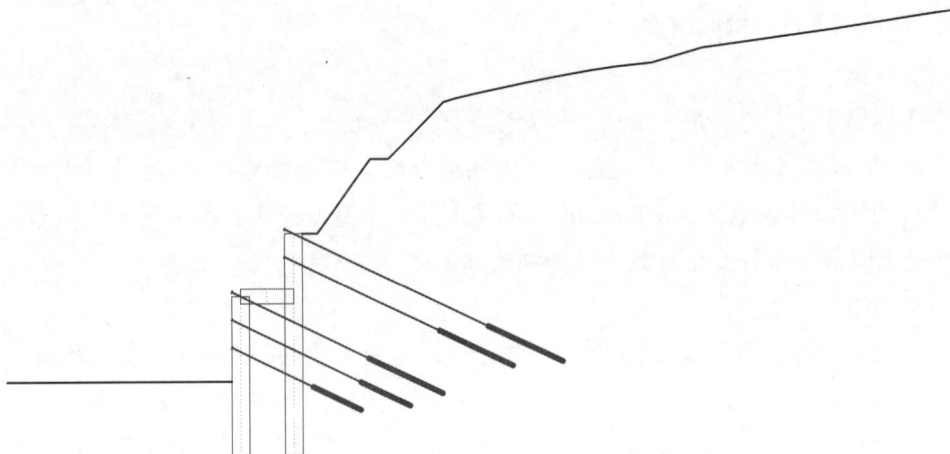

图 7-12　h 型抗滑桩结构计算简图

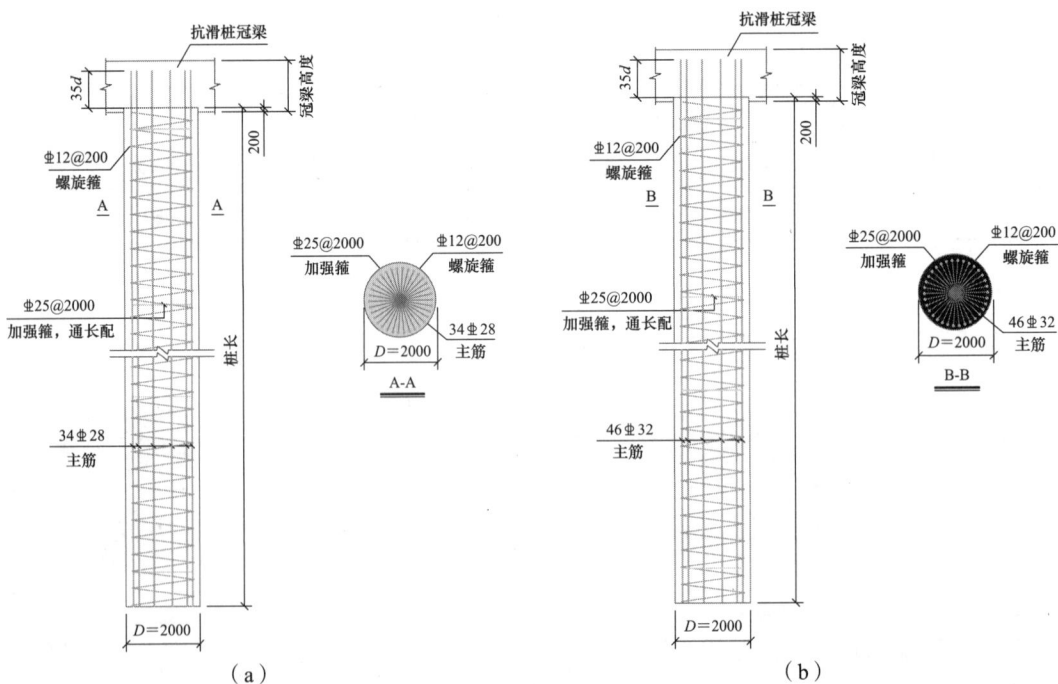

图 7-13　抗滑桩配筋

（a）前排桩配筋；（b）后排桩配筋

#### 7.1.2.5　应用效果

本节提出 h 型抗滑桩这种新型的抗滑桩技术，并应用于存在滑坡推力大的复杂地层边坡中，有效地控制边坡安全隐患，保障了坡脚场地建设的安全实施。

在传统抗滑桩不能满足要求的边坡及滑坡中，h 型抗滑桩有着更高的抗弯承载能力，整体刚度大，桩身变形小、不必增加桩身的截面和长度，施工便捷、工期短、适用性强，技术、经济效益显著。

## 7.2　微扰动桩基托梁挡墙处治技术

桩基托梁挡墙是由托梁衔接，采用桩和挡墙相结合的形式实现对边坡的支挡（图7-14）。传统桩基托梁挡墙采用大直径桩基，施工机械庞大，需要的施工作业面大，施工过程扰动大。然而对于较陡的地段，其作业面小，或要求对邻近重要构建筑物扰动小的时候，其适用性将严重受限。

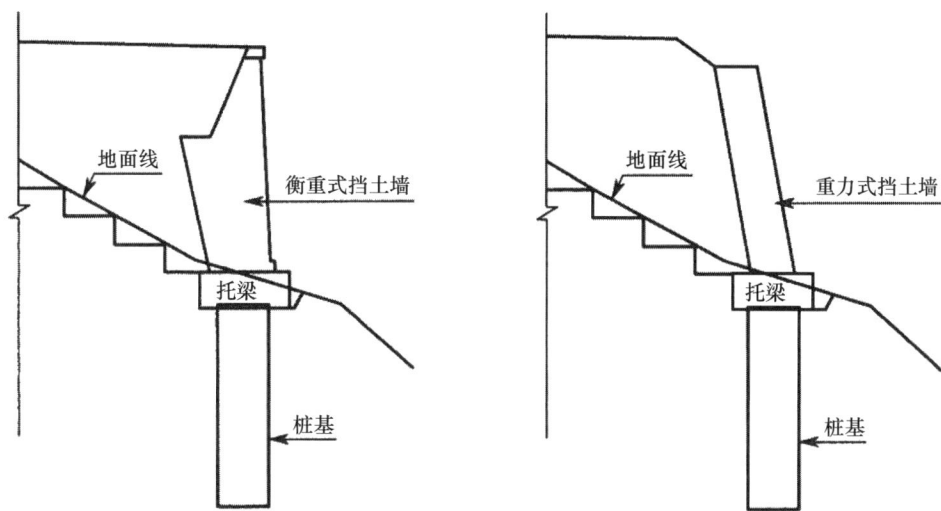

图 7-14　桩基托梁挡墙示意

采用微型桩群基础代替以往的大直径桩基，由于使用多根微型桩承载挡墙，微型桩与桩间土更好地结合在一起形成稳定的复合地基，提供了更好的承载力与稳定性。同时，因为桩直径很小，钻孔小，对附近的基础和土体等几乎不产生应力，施工方便，在地面上进行所有操作，无基础下面操作，危险性小，不需要临时支撑结构，在邻近重要建（构）筑物附近实施时，能较好地实现微扰动。具有施工便捷，高承载力，微扰动的优势。

### 7.2.1　技术原理

微型桩基托梁挡墙包括挡墙、托梁和微型桩三个重要方面。以下就其在建筑行业边坡领域应用的内力计算理论进行简要的技术原理分析。

#### 7.2.1.1　挡墙计算分析

挡墙墙背侧向土压力主要由墙身重力来平衡，桩基托梁挡墙与传统的挡墙没有区别，都是利用自身的重力来维持稳定，应进行抗滑移和抗倾覆稳定性验算，受限于篇幅，本章不再赘述，具体计算分析详见现行国家标准《建筑边坡工程技术规范》GB 50330 相关章节。

#### 7.2.1.2　托梁内力计算分析

当采用重力式挡墙时，需要在桩基上设置托梁（类似承台梁），并将挡墙设在托梁之上，使挡墙获得足够的稳定性和承载力。

托梁的横截面多数为矩形，长度同挡墙墙身分段长度。当墙底倾斜时，高出的部分作为荷载加到矩形截面的托梁上。根据荷载作用方向不同和配筋要求，托梁拆分成三个方向的模型分别进行计算。

**1. 横截面计算模型**

横截面计算模型（图 7-15）是指托梁受竖向荷载且垂直于长度方向的截面，单排桩时设中间一个支点，双排桩时设中间两个支点。对于单排桩，托梁以桩中心为固定支点，两端悬臂；对于双排桩，托梁与桩一起组成刚架。

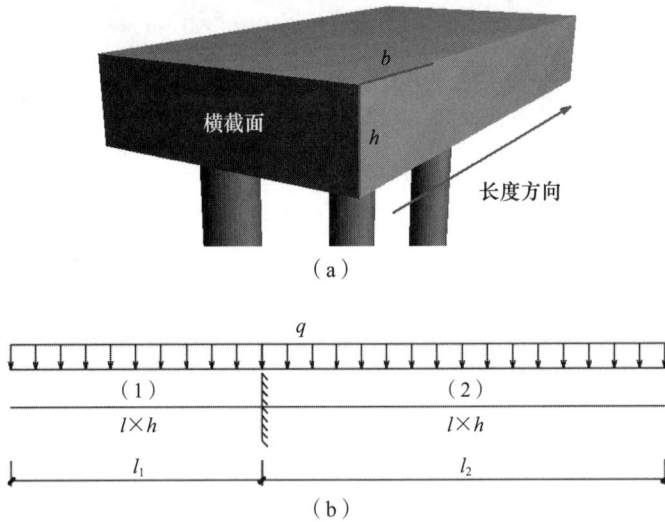

（a）

（b）

**图 7-15　托梁横截面计算模型**

（a）托梁横截面示意图；（b）计算简图（单排桩）

横截面计算模型的荷载仅考虑竖向荷载，包括自重、上部挡墙传递竖向力、墙前墙后覆土重、竖向地震作用、浮托力、土压力的竖向分力等。

**2. 纵截面计算模型**

纵截面计算模型（图 7-16）是指托梁沿长度方向且承受竖向荷载的截面，多跨，支点为桩中心点，中间为铰支连续梁，两端为悬臂，跨数由挡墙墙身分段长度和桩间距决定。

纵截面计算模型的荷载仅考虑竖向荷载，包括自重、上部挡墙传递竖向力、墙前墙后覆土重、竖向地震作用、浮托力、土压力的竖向分力等。

**3. 侧截面计算模型**

侧截面计算模型（图 7-17）是指托梁沿长度方向且承受水平荷载的截面，多跨，支点为桩中心点，中间为铰支连续梁，两端为悬臂，跨数由挡墙墙身分段长度和桩间距决定，与纵截面一致，仅 $b$、$h$ 不同。

侧截面计算模型的荷载仅考虑水平荷载，包括土压力、水压力、滑坡力、水平地震作用、上部传递水平力等。

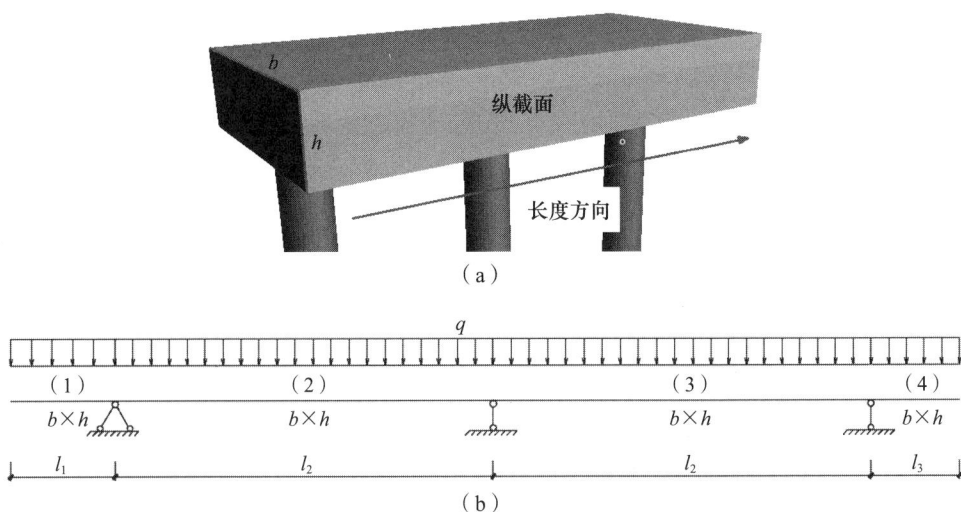

**图 7-16　托梁纵截面计算模型**

（a）托梁纵截面示意图；（b）计算简图

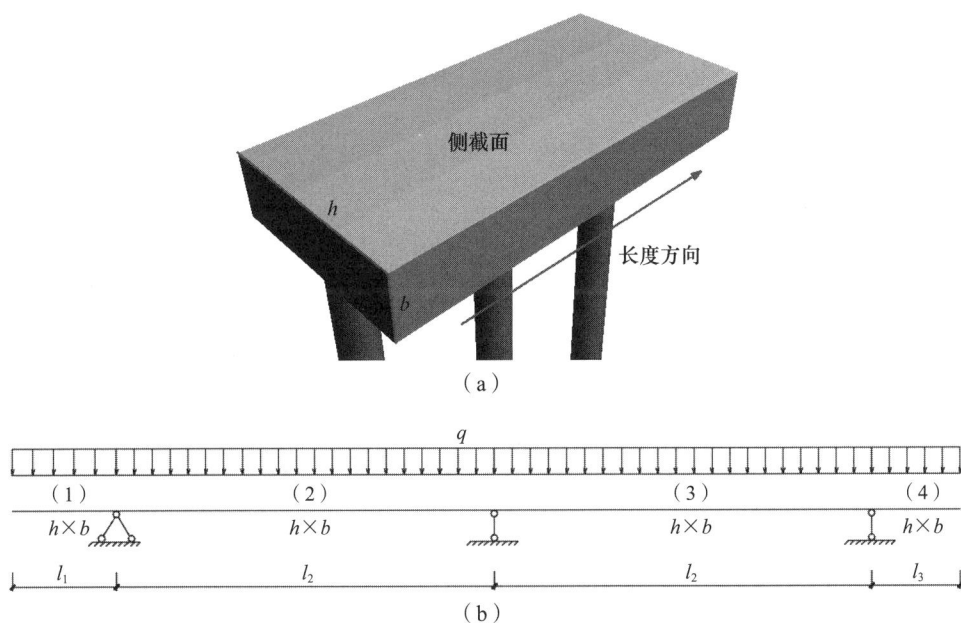

**图 7-17　托梁侧截面计算模型**

（a）托梁侧截面示意图；（b）计算简图

### 7.2.1.3　微型桩内力计算分析

对于微型桩（图 7-18）内力计算主要研究桩基模型计算，暂不计列抗滑桩模型。

**1. 荷载作用方向**

微型桩顶作用于托梁底面的荷载作用方向：（1）竖向荷载：沿 $z$ 轴负向为正；（2）水平荷载 $V_x$、$V_y$：沿 $x$、$y$ 轴正向为正；（3）弯矩 $M_x$、$M_y$：采用右手定则，四指沿弯矩作用方向，大拇指指向坐标轴正向的弯矩为正。

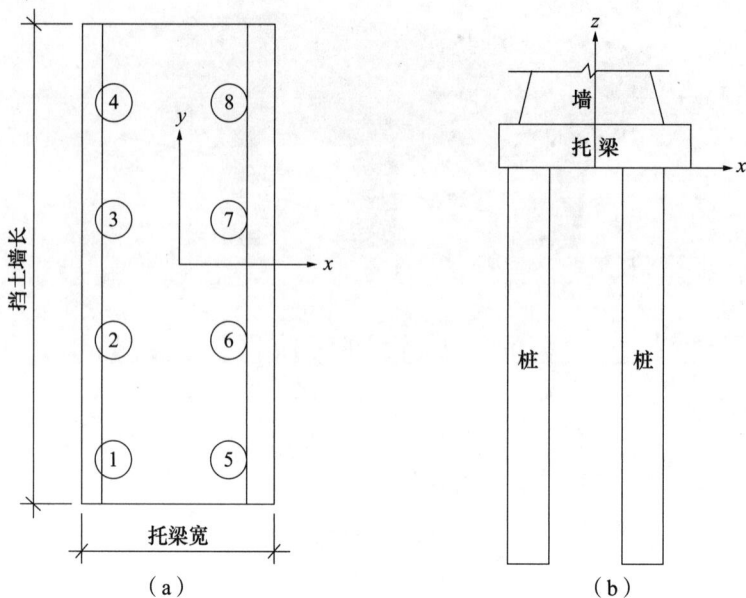

**图 7-18 微型桩模型示意**

（a）模型俯视图；（b）模型剖面图

### 2. 荷载作用类型

荷载作用类型包括：（1）作用于承台上的外荷载 $F_k$：重力挡墙包括挡墙向下的传递荷载，托梁面、背侧上的水土压力、滑坡力、托梁和覆土的地震作用；若面侧有开挖，还包括桩上的土压力、水压力、滑坡力和桩的水平地震作用；（2）承台和承台上土重 $G_k$：重力挡墙包括托梁自重、托梁的覆土重、凸榫重、托梁底的浮托力。

### 3. 桩顶作用效应计算

轴心竖向力作用下

$$N_k = \frac{F_k + G_k}{n} \tag{7-1}$$

偏心竖向力作用下

$$N_{ik} = \frac{F_k + G_k}{n} \pm \frac{M_{xk} y_i}{\sum y_i^2} \pm \frac{M_{yk} x_i}{\sum x_j^2} \tag{7-2}$$

水平力

$$H_{ik} = \frac{H_k}{n} \tag{7-3}$$

式中：

$F_k$——荷载效应标准组合下，作用于承台顶面的竖向力（kN）；

$G_k$——桩基承台和承台上土自重标准值（kN）；对地下水位以下部分扣除水的浮力；

$N_k$——荷载效应标准组合轴心竖向力作用下，基桩或复合基桩的平均竖向力（kN）；

$N_{ik}$——荷载效应标准组合偏心竖向力作用下，第 $i$ 基桩或复合基桩的竖向力（kN）；

$M_{xk}$、$M_{yk}$——荷载效应标准组合下，作用于承台底面，绕通过桩群形心的 $x$、$y$ 主轴的力矩（kN·m）；

$x_i$、$x_j$——第 $i$、$j$ 基桩或复合基桩至 $x$ 轴的距离（m）；

$y_i$、$y_j$——第 $i$、$j$ 基桩或复合基桩至 $y$ 轴的距离（m）；

$n$——桩基中的桩数。

**4. 单桩竖向极限承载力标准值计算**

计算公式：

$$Q_{uk} = Q_{sk} + Q_{pk} = u\sum q_{sik}l_i + q_{pk}A_p \tag{7-4}$$

式中：

$u$——桩身周长（m）；

$l_i$——桩周第 $i$ 层土的厚度（m）；

$A_p$——桩端面积（m²）；

$q_{sik}$——桩侧第 $i$ 层土的极限侧阻力标准值（kPa）；可按《建筑桩基技术规范》JGJ 94—2008 中表 5.3.5-1 取值；对于端承桩取 $q_{sik} = 0$；

$q_{pk}$——极限端阻力标准值（kPa），可按《建筑桩基技术规范》JGJ 94—2008 中表 5.3.5-2 取值；对于摩擦桩取 $q_{pk} = 0$。

**5. 桩基水平承载力计算**

（1）桩基水平承载力要求

计算公式：

$$H_{ik} \leqslant R_h \tag{7-5}$$

式中：

$H_{ik}$——在荷载效应标准组合下，作用于基桩 $i$ 桩顶处的水平力（kN）；

$R_h$——单桩基础或群桩中基桩的水平承载力特征值（kN）。

（2）群桩基础的复合基桩水平承载力计算

群桩基础的复合基桩水平承载力设计值计算公式如下：

$$R_h = \eta_h R_{ha} \tag{7-6}$$

考虑地震作用且 $s_a/d \leqslant 6$ 时：

$$\eta_h = \eta_i\eta_r + \eta_l \tag{7-7}$$

$$\eta_i = \frac{\left(\dfrac{s_a}{d}\right)^{0.015n_2+0.45}}{0.15n_1 + 0.10n_2 + 1.9} \tag{7-8}$$

$$\eta_l = \frac{m\chi_{0a}B_c'h_c^2}{2n_1n_2R_{ha}} \tag{7-9}$$

$$\chi_{0a} = \frac{R_{ha}v_x}{\alpha^3EI} \tag{7-10}$$

其他情况：

$$\eta_{\mathrm{h}} = \eta_i \eta_{\mathrm{r}} + \eta_1 + \eta_{\mathrm{b}} \tag{7-11}$$

$$\eta_{\mathrm{b}} = \frac{\mu P_{\mathrm{c}}}{n_1 n_2 R_{\mathrm{ha}}} \tag{7-12}$$

$$B_{\mathrm{c}}' = B_{\mathrm{c}} + 1$$

$$P_{\mathrm{c}} = \eta_{\mathrm{c}} f_{\mathrm{ak}} (A - n A_{\mathrm{ps}}) \tag{7-13}$$

式中：

$\eta_{\mathrm{h}}$——群桩效应综合系数，不考虑群桩效应时，取 1；

$\eta_i$——桩的相互影响效应系数；

$\eta_{\mathrm{r}}$——桩顶约束效应系数；

$\eta_1$——承台侧向土水平抗力效应系数；

$\eta_{\mathrm{b}}$——承台底摩阻效应系数，不考虑承台效应时，取 0；

$s_{\mathrm{a}}/d$——沿水平荷载方向的距径比；

$n_1$，$n_2$——分别为沿水平荷载方向与垂直水平荷载方向每排桩中的桩数；

$m$——承台侧面土水平抗力系数的比例系数，用户可交互各层土的 $m$ 值，也可按《建筑桩基技术规范》JGJ 94—2008 中表 5.7.5 取值；

$\chi_{0\mathrm{a}}$——桩顶（承台）的水平位移允许值（mm）；

$B_{\mathrm{c}}'$——承台受侧向土抗力一边的计算宽度（m）；

$B_{\mathrm{c}}$——承台宽度（m）；

$h_{\mathrm{c}}$——承台高度（m）；

$v_{\mathrm{x}}$——桩顶水平位移系数，按照《建筑桩基技术规范》JGJ 94—2008 中表 5.7.2 取值；

$\mu$——承台底与地基土间的摩擦系数，可参考《建筑桩基技术规范》JGJ 94—2008 中表 5.7.3-2 取值；

$P_{\mathrm{c}}$——承台底地基土分担的竖向总荷载标准值（kN）；

$\eta_{\mathrm{c}}$——承台效应系数，可参考《建筑桩基技术规范》JGJ 94—2008 中表 5.2.5 取值；

$A$——承台总面积（m$^2$）；

$A_{\mathrm{ps}}$——桩身截面面积（m$^2$）。

## 7.2.2　工程应用

### 7.2.2.1　工程概况

某新建工程场地地貌类型属于山前坡地，地形起伏较大，呈南高北低趋势，场地现状标高 4.76～13.2m，设计标高 9.6～11.9m，总体以 9.6m 为主，因此，在场地平整过程中大部分区域将对原场地进行回填，并在场地西北角—东北角之间形成净高 4.84～5.37m 的人工填土边坡（图 7-19）。同时，局部区段人工填土边坡顶部布置有场内道路等构筑物，且在场区北侧及东北侧紧邻已有甬港 500kV 变电站和截洪沟，新建工程不得影响变电站正常运营，且本工程排水系统也将与该截洪沟有效衔接。

经现场踏勘及相关资料显示，该截洪沟净宽 1.5m，净深 1.7m，局部侧壁曾发生倾覆，于 2020 年 7 月进行过加固处治（沟上部由镀锌钢管支撑，下部由两侧植筋钢筋混凝土加固）（图 7-20）。

图 7-19　场区正射影像

图 7-20　场区紧邻已有截洪沟状况

### 1. 气象水文条件

工程区属亚热带季风气候区，夏半年（4～9月）主要受温暖湿润的热带或赤道海洋气团控制；冬半年（11月～次年3月）主要受寒冷干燥的副极地或极地大陆气团的控制。全年季节变化明显，总的气候特征是温和、湿润、多雨。

气温：市区多年平均气温16.5℃，最热月7月为27.5～28.3℃；最冷月1月为4.0～5.4℃。气象站实测极端最高气温为42.7℃，极端最低气温为-8.8℃。年平均气温小于10℃的冬季历时120d；大于22℃的夏季历时117d；介于10～22℃之间的春季历时67d、秋季61d。总的特点是冬、夏两季长；春、秋两季短。气温随高度递减率为每高100m，气温降低0.5℃左右。气温的季节变化，具有夏无酷暑、冬无严寒的气候特征。

风向：常年最多风向为东北风、北风和东南风，其他风向出现频率不高。最大风速的风向为北风和东北风，系寒潮和台风侵袭时的风速。东南风都在夏季，系由海陆风形成。

日照和湿度：年平均日照数1800～2000h，一年中7月、8月最多，2月最少。年日照百分率为40%～46%。平均相对湿度约80%。

降水：区域年平均降水量（雨、雪、冰雹）1272.8mm，平均降水天数146d。降水量的年内分配不均匀，春雨、梅雨、秋雨与伏旱交替，降水最高峰在9月，历年平均177.8mm，占全年平均降水量的14%。区内受台风影响较大，台风带来的暴雨是造成内涝的主要威胁。历年平均年蒸发量961.4mm，比降水量低24%。

### 2. 地形地貌

本工程场地地貌类型属于山前坡地。紧贴北侧的截洪沟沟底标高3.01～5.91m，呈东高西低特点；现状场地地形起伏较大，地表凌乱。

### 3. 地层岩性

按地基土的土性特征、埋藏分布条件及其物理力学性质，将场地勘察深度范围内的地基土，划分为5个工程地质层，现由浅至深分述如下：

①层素填土（$^{ml}Q_4^3$）：杂色，结构稍密，主要以碎石及黏性土组成，碎石粒径5～20cm，最大达50cm。堆积有10年以上，该层场地内均有分布，层顶标高4.67～13.17m，层厚0.2～2.6m。

②₁层粉质黏土（$^{al\text{-}pl}Q_3^2$）：灰黄色，硬可塑，厚层状，中等压缩性，含少量铁锰质斑点及砂砾，土面稍有光泽，干强度中等，摇振反应无，韧性中等。部分孔缺失，顶板标高4.17～10.57m，层厚1.2～9.5m。

②₂层含砾砂粉质黏土（$^{al\text{-}pl}Q_3^2$）：灰黄色，硬可塑，厚层状，中等压缩性，土面略光滑，摇振反应缓慢，韧性中等，干强度中等，含砾石30%左右。部分孔缺失，顶板标高-5.33～9.37m，层厚2.4～13.5m。

③层粉质黏土（$^lQ_3^2$）：灰色，软可塑，厚层状，中等压缩性，含少量腐殖物，土面稍有光泽，摇振反应无，韧性中等，干强度中等。该层仅分布在勘探孔ZK5号孔附近，顶

板标高 6.97m，层厚 1.3m。

④层含砾砂粉质黏土（$^{dl\text{-}pl}Q_2^1$）：褐黄色，硬可塑，厚层状，中等压缩性，土面略光滑，摇振反应缓慢，韧性中等，干强度中等，含砾石 20% 左右，局部粒径在 5～8cm。部分孔缺失，顶板标高 −18.83～−2.33m，层厚 8.0～14.5m。

⑤$_1$层全风化凝灰岩（$J_3$）：褐黄色，主要矿物成分为石英、长石，熔结凝灰结构，块状构造，节理裂隙发育，岩芯呈黏性土状、砂砾状，全风化。该层仅分布在勘探孔 ZK6 号孔附近，层顶标高 5.04m，层厚 0.5m。

⑤$_2$层强风化凝灰岩（$J_3$）：灰黄色、青灰色，主要矿物成分为石英、长石，熔结凝灰结构，块状构造，节理裂隙发育，岩芯大部呈砂砾状、碎块状，可折断，强风化。部分孔缺失，层顶标高 −33.33～4.54m，层厚 1.7～7.1m。

⑤$_3$层中风化凝灰岩（$J_3$）：灰黄色至青灰色，主要矿物成分为石英、长石，熔结凝灰结构，块状构造，稍有节理裂隙，岩芯呈短柱状，RQD60%～80%，不易击碎，中等风化，岩体较完整，岩体基本质量等级为Ⅲ级。岩体中无洞穴、临空面、破碎岩体或软弱岩层存在。抗压强度最大值为 64.8MPa，最小值为 45.8MPa，平均值为 53.4MPa，标准值为 47.7MPa，属较硬岩。考虑到岩体风化、结构构造及使用期间的影响，建议饱和单轴抗压强度取 35MPa。勘探孔均揭露至该层，层顶标高 −35.53～−2.56m，揭露最大厚度 6.0m。

**4. 区域地质构造**

大地构造单元属华南褶皱系、浙东南隆起区、丽水—宁波隆起带、新昌—定海隆断束。近场主要断裂有四组，分别为北东走向的奉化—丽水活动断裂带，北北东走向的镇海—宁海活动断裂带、岱山—黄岩活动断裂带，北西走向的长兴—奉化断裂带，近东西走向的昌化—普陀断裂。另外，还有一些规模较小的次级断层。

**5. 区域地壳稳定性**

工程场地覆盖层厚度介于 3～50m。场地覆盖层厚度 20m 深度范围内主要为可塑状黏性土，根据现行国家标准《建筑抗震设计标准》GB/T 50011 中第 4.1.3 条结合当地经验估计各土层等效剪切波速，经估算土层等效剪切波速 150≤$v_{se}$≤250m/s。场地土的类型属中软场地土，属对建筑抗震一般地段。工程场地类别为Ⅱ类，设计地震分组为第一组，特征周期为 0.35s。场地抗震设防烈度为 7 度，设计基本地震加速度值为 0.10$g$，按《中国地震动参数区划图》GB 18306—2015 附录 E，Ⅱ类场地地震动峰值加速度调整系数为 1.00。

综上所述，工程区区域地壳稳定性属基本稳定，地震地质环境处于较稳定区域。

**6. 水文地质条件**

地下水因含水介质、水动力特征及其赋存条件的不同，其补、径、排作用和水化特征均各有不同，根据钻探揭露：场址下勘探深度内地下水主要为第四系孔隙潜水及基岩裂隙水。

（1）第四系孔隙潜水

主要赋存于表部填土与其下黏性土层中，表部填土富水性、透水性较好，常年接受地表水补给，与地表水体水力联系密切。黏性土富水性、透水性差。第四系孔隙潜水埋藏较浅，主要接受大气降水补给，其水位变化受气候、环境影响明显，以蒸发方式排泄为主，年变幅可达 1.0m。本次勘察期间，实测场地地下水位埋深为 0.3～2.00m，相应标高为 3.98～5.47m。

（2）基岩裂隙水

主要赋存风化基岩及以下岩体中，其透水性、水力联系受岩体节理裂隙控制，水量一般较贫乏，对本工程意义不大。水质较好，根据区域地质资料，其对混凝土结构及结构中钢筋具微腐蚀性。

（3）地表水

勘察期间，北侧水沟平时水量不大，下雨后水量增加明显。

### 7.2.2.2 设计方案

本工程属于永久性边坡，坡顶分布有拟建道路、周边涉及已运营的重要构筑物，边坡安全等级高（一级）；邻近新建工程原有构筑物开挖深度大，且曾有过破损修复的经历，根据要求，新建工程应尽量降低对其产生的不利影响；此外，受限于红线影响，场地可布置空间极为有限，为节约用地，新建工程挡墙需紧贴已有构建筑物（图 7-21～图 7-24）。根据本项目实际情况，本工程总体设计方案采用"桩基托梁重力式挡墙＋钢筋混凝土排水管"，具体如下：

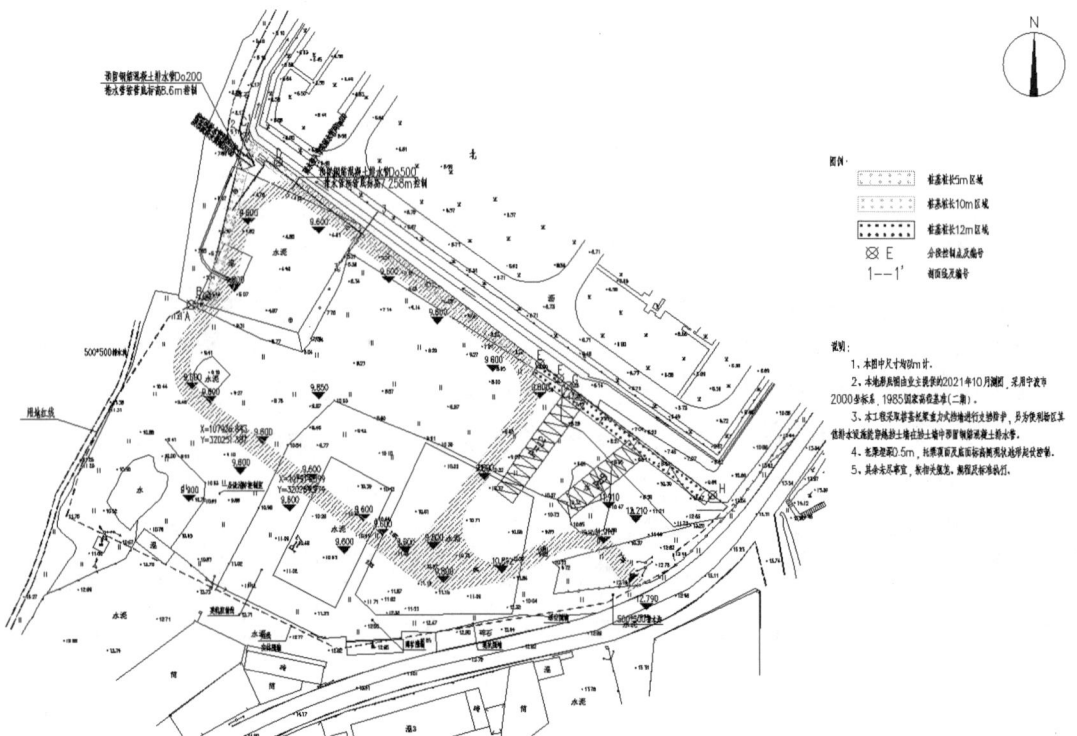

图 7-21 设计平面布置

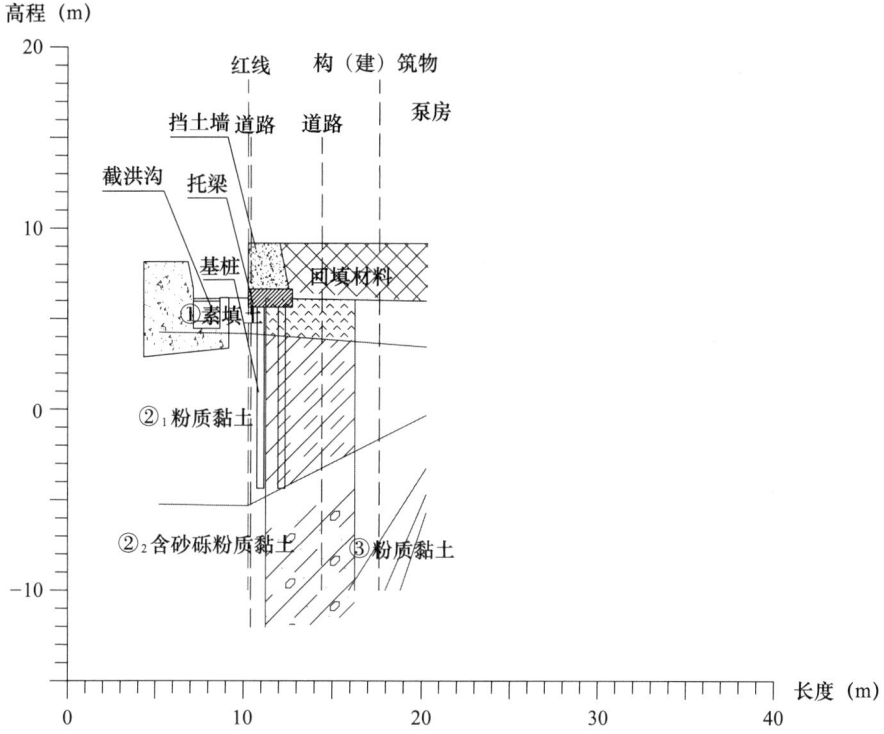

图 7-22　典型剖面

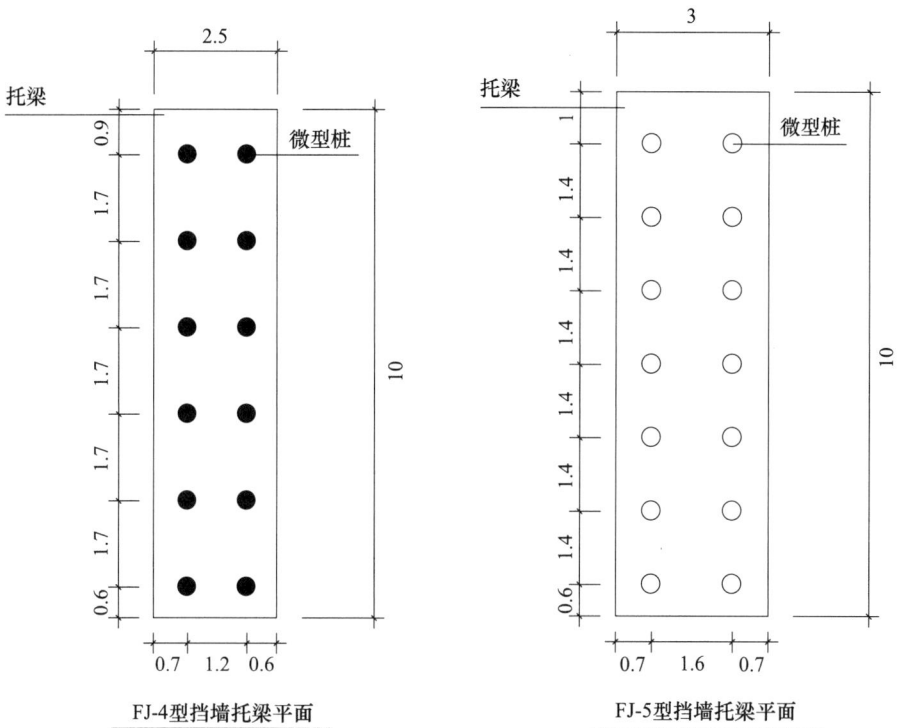

图 7-23　典型段托梁平面

**图 7-24　微扰动桩基托梁挡墙实施效果**

桩基托梁重力式挡墙：为控制挡墙高度，尽可能减少对已有截洪沟的影响，对本工程采取桩基托梁重力式挡墙进行支挡。重力式挡墙墙身为片石混凝土，混凝土等级C30，片石强度等级不低于 MU40，片石掺入量占总体积的 20%，墙体布设排水孔，间距2m×2m，梅花形布置，底排距地面 0.3m，内置 $\phi$90mm 的 PVC 排水管。桩采用圆形桩，桩径 300mm，桩深根据上部重力式挡墙、下覆地层等实际情况分别设置 5m、10m、12m三种不同桩长。托梁截面为矩形，采用 C30 混凝土现浇，随选取挡墙高度不同分别设置有3m×1m 及 2.5m×1m 两种。

靠近挡墙后缘 10m 区域其压实度不小于 0.92，宜选用物理力学性质相对较好的宕渣类回填，回填材料内摩擦角（黏性土时为综合内摩擦角）≥ 35°。

混凝土排水管：为便于场地其他排水管道横穿挡墙区域，在墙身中利用混凝土排水管设置预留，排水管公称内径有 200mm、500mm 两种，其根据场区内排水设施管径大小进行选用，其中排水管 Do200 按管底标高 8.6m 控制，Do500 按管底标高 7.258m 控制。

### 7.2.2.3　应用效果

传统桩基托梁挡墙采用大直径桩基，施工机械庞大，需要的施工作业面大，施工过程扰动大。然而对于较陡的地段，作业面小，且要求对邻近重要构（建）筑物扰动小时，其适用性将严重受限。

本节采用微型桩基托梁挡墙处治技术，实现了紧邻建筑红线施工作业，提升了挡墙设计施工的适用条件。该技术依托微型桩基形成复合地基，施工机具要求低，适于采用小型机械，施工场地占地小，施工便捷、速度快、效率高；同时，施工过程对已有构（建）筑物几乎无扰动，保证了邻近重要建（构）筑物的运营安全，其技术经济性较传统挡墙具有极好的优势。

# 第8章 边坡灾害自动化监测预警研究与应用

边坡灾害由于其形成条件的复杂性，外界诱发因素的多样性、随机性，导致人类难以事先准确判断灾害发生的时间、地点、强度和影响，并预先防范，给人类带来了严重的损失。因此，采取必要的手段监测边坡灾害，进而科学、有效地对边坡灾害进行预测预报，是防灾、减灾的重要举措。

边坡灾害监测是一门综合性极强的应用技术，包括工程地质学、岩土力学、土木工程设计等基础理论，以及传感器、计算机与通信、测量等应用技术，还融入了土木工程施工等经验，并且需要对岩土体稳定状况进行动态评价的综合性应用。

## 8.1 常规监测技术方法

早在20世纪五六十年代，国外已针对斜坡的监测技术展开研究，如苏联叶米里扬诺娃（1956）通过对滑坡位移观测的原理与方法进行了系统的总结，编写了《滑坡观测技术指南》；K.W.John（1977）对岩质边坡的监测技术进行了深入的研究。现代边坡监测内容不断扩大与完善，分析方法不断提高，逐渐形成了较为完善的监控体系。按监测对象的不同，边坡监测主要分为变形特征监测、控制因素监测和诱发因素监测三大类（表8-1）。

边坡监测方法及仪器

表 8-1

| 监测内容 | 主要监测方法 | 监测仪器设备 |
| --- | --- | --- |
| 地表变形监测<br>（外观法） | 宏观调查法 | 皮尺、钢尺 |
| | 大地测量法 | 水准仪、经纬仪、全站仪、红外测距仪、光纤监测系统 |
| | GPS 定位法 | GPS 定位系统 |
| | 摄影测量法 | 专业测量、半测量、非测量摄影机 |
| | INSAR 干涉雷达测量 | 雷达天线 |
| | 电测位移法 | 电测位移计、遥测机 |
| | 表面倾斜监测 | 一体化岩土体倾斜仪、表面倾角计 |
| | 地表裂缝观测 | 卷尺、游标卡尺、伸缩自记仪、测缝计、位移计等 |
| 内部变形监测<br>（内观法） | 深部测斜监测 | 钻孔测斜仪 |
| | 内部相对位移监测 | 钻孔三向位移计、TDR 测试仪 |
| | 沉降观测 | 沉降仪、收敛仪、静力水准仪、水管倾斜仪等 |

| 监测内容 | 主要监测方法 | | 监测仪器设备 |
| --- | --- | --- | --- |
| 控制因素监测 | 水位监测 | | 水位计 |
| | 地下水动态监测 | | 孔隙水压力计、渗压计、流量计 |
| | 土壤含水率监测 | | 土壤含水率监测站 |
| | 支护结构监测 | 支挡结构与坡体接触压力监测 | 土压力计 |
| | | 锚索锚固力监测 | 锚索测力计 |
| | | 钢筋应力、应变监测 | 钢筋应力计、应变计 |
| | | 锚杆应力、应变监测 | 锚杆应力计、应变计 |
| | | 支护结构变形监测 | 大地测量法、深部位移监测法 |
| 诱发因素监测 | 震动监测 | | 地震监测仪 |
| | 测地应力 | | 水压裂法、Kaiser 效应 |
| | 地音监测 | | 声发射仪、地音探测仪 |
| | 气象监测 | | 雨量计、温度计 |
| 其他监测 | 泥位监测 | | 一体化泥位计 |
| | 影像监测 | | 无人机监测、一体化视频监测站 |

### 1. 变形特征监测

变形特征监测可分为以下三类。

（1）地面绝对位移监测

地面绝对位移监测是最基本的常规监测方法。应用大地测量法来测得监测点在不同时刻的三维坐标，得出监测点的位移量、位移方向及位移速率。主要使用经纬仪、水准仪、红外测距仪、激光仪、全站仪和高精度 GPS 等；利用多期遥感数据或 DEM 数据也可对滑坡、泥石流等灾害体进行监测；还可利用合成孔径干涉雷达 SAR 测量技术进行大面积的滑坡监测。

（2）地面相对位移监测

地面相对位移监测是量测边坡上点与点之间相对位移变化的一种监测方法。主要对裂缝等重点部位的张开、闭合、下沉、抬升、错动等进行监测，是位移监测的重要内容之一。目前常用的监测仪器有振弦式位移计、电阻式位移计、裂缝计、变位计、收敛计、大量程位移计等，使用 BOTDR 分布式光纤传感技术也可进行监测。近年来也有人使用三维激光扫描仪进行边坡表面监测，与 GPS、全站仪等数据相结合，能达到很好的精度。特别是在滑坡急剧变形阶段，过大的变形会破坏各种监测设施，在这种情况下采用三维激光扫描测量快速建立滑坡监测系统，可以满足临滑预报要求。

（3）深部位移监测

该方法先在边坡坡体上钻孔至稳定地层，定向埋入测斜管，管孔间隙用水泥砂浆（适于岩体钻孔）或砂土石（适于松散堆积体钻孔）回填固定测斜管，下入钻孔倾斜仪，以孔底为零位移点，向上按一定间隔测量钻孔内各深度点相对于孔底的位移量。常用的监测仪器有钻孔倾斜仪、钻孔多点位移计等。

**2. 控制因素监测**

控制因素监测主要是监测边坡地下水和应力变化情况。

地下水监测主要有地下水位、孔隙水压力、土体含水量等内容，常用的监测仪器有水位计、渗压计、孔隙水压力计、TDR 土壤水分仪等。

在边坡变形的过程中必定伴随着边坡坡体应力的变化和重新分布，所以很有必要监测应力的变化。常用的监测仪器有锚杆应力计、锚索应力计、振弦式土压力计等。

**3. 诱发因素监测**

诱发因素监测主要有以下三类。

（1）地震监测

主要由地震监测台网实施。当边坡位于地震高发区时，应经常及时收集附近地震台站资料，评价地震作用对区内边坡稳定性的影响。

（2）降雨量监测

降雨是触发地质灾害的重要因素，因此雨量监测成为边坡监测的重要组成部分，已成为区域性地质灾害预报预警的基础和依据。现阶段一般采用遥测自动雨量计进行监测，技术已较成熟。

（3）人类活动监测

人类活动（如掘洞采矿、削坡取土、爆破采石、坡顶加载、斩坡建窑、灌溉等）往往诱发地质灾害，应监测人类活动的范围、强度、速度等。

随着社会经济科技的发展，越来越多的新型技术投入边坡监测中，为边坡综合监测的实施提供了可靠的技术保证，并且针对复杂边坡灾害的深入监测分析又将进一步促进监测技术的不断改进与完善。近年，伴随网络技术的发展，基于 Internet、4G、5G 的 2D/3D Web GIS 迅速成为研究热点，通过在 Web 上发布地理空间数据，为用户提供空间信息浏览、查询及分析等功能，具有应用广泛、平台无关以及操作简单等特点。如荷兰 ITC 利用三维 Web GIS 技术实现的数字城市等实验系统。此外，三维激光扫描、InSAR 等技术也应用在边坡灾害监测领域，近年来无人机因其使用灵活、方便、成本相对较低等特点受到了广泛关注。

## 8.2　智慧防灾信息系统研发

习近平总书记在中央财经委员会第三次会议上关于提高自然灾害防治能力的重要讲话强调，加强自然灾害防治关系国计民生，要建立高效科学的自然灾害防治体系，提高全社会自然灾害防治能力，为保护人民群众生命财产安全和国家安全提供有力保障。为贯彻落实中央财经委员会第三次会议精神，切实完善地质灾害防治体系和防灾减灾救灾工作机制，着力提升地质灾害的科学防控能力，各级政府高度重视地质灾害防治工作，尤其是地质灾害监测预警工作，不断加快推进"人防＋技防"地质灾害监测预警新模式。

浙江省工程勘察设计院集团有限公司基于地质科技项目"宁波市南山章滑坡自动化监测示范项目研究"，围绕总体目标中提出的建立智慧防灾监测预警系统要求，在前期工作基础上，开展了浙勘集团智慧防灾信息系统研发项目，相关成果介绍如下。

### 8.2.1 浙勘集团智慧防灾信息系统

#### 1. 主体功能

项目组通过课题研究，形成了"浙勘集团智慧防灾信息系统 V1.0"（图 8-1～图 8-5），该系统主要实现以下功能。

（1）建设地质灾害调查数据库及展示平台

根据地质灾害高精度风险调查结果，开展地质灾害调查数据库及展示平台建设工作，实现高精度风险调查结果一张图展示，调查成果可以集成到地质灾害监测平台，实现调查数据与监测数据的联动，打通地质灾害防治工作闭环模式的关键通道。

（2）建设地质灾害监测数据库及展示平台

建设地质灾害数据库，配合地理信息系统，辅以数据可视化方式实现整体项目展示平台的建设，展示的数据维度包括数据对接中的提炼数据，以及相关统计、分析、辅助决策的数据图表，实现设备工况可视化、监测数据实时展示、监测点信息可视化、预警动态可视化，为防灾减灾工作提供更优质服务。

具体功能模块如下：

- 地图定位
- 图层叠加（地质、气象）
- 监测点查询
- 实时数据查询
- 设备实时状态
- 地区实时雨量
- 预警信息推送
- 实时预警状态
- 历史数据查询
- 数据统计
- 监测数据对比分析

- 数据导出
- 图表导出
- 斜坡单元图层（调查成果）
- 平台数据对接
- 数据联动
- 采集控制
- 倾斜摄影建模展示
- 自动生成监测报告
- 三维建模展示
- 手机 App

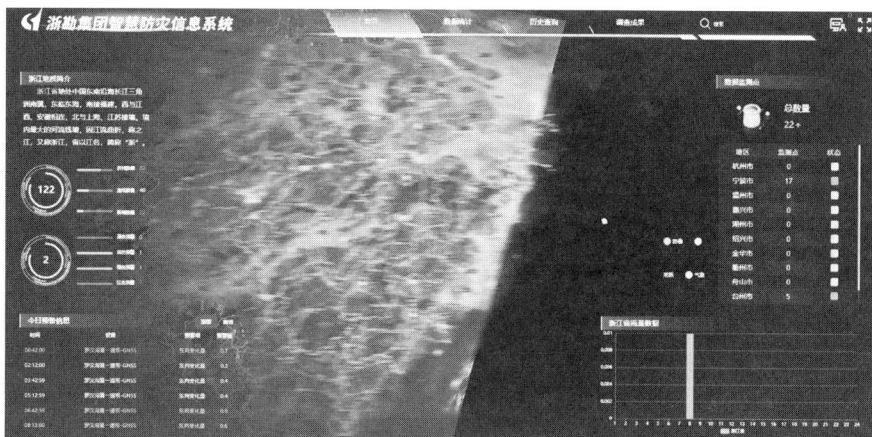

图 8-1　浙勘集团智慧防灾信息系统 V1.0 主界面

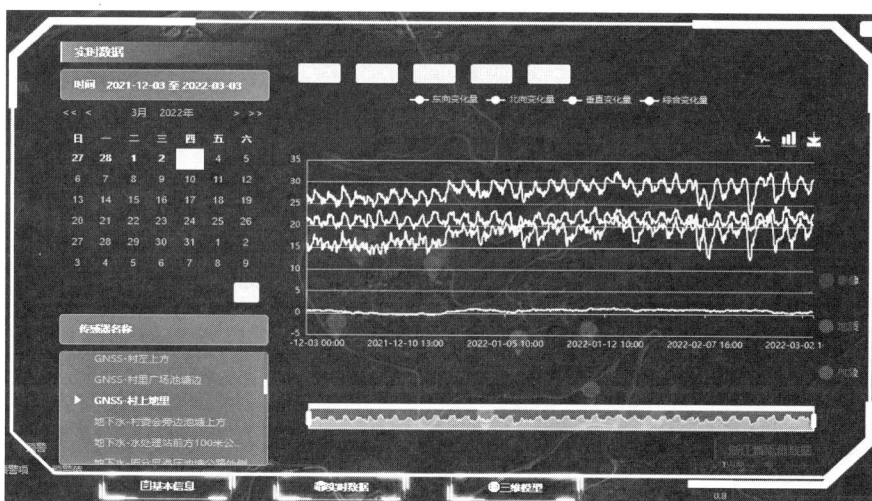

图 8-2　监测实时数据查询

图 8-3　监测点三维实景展示

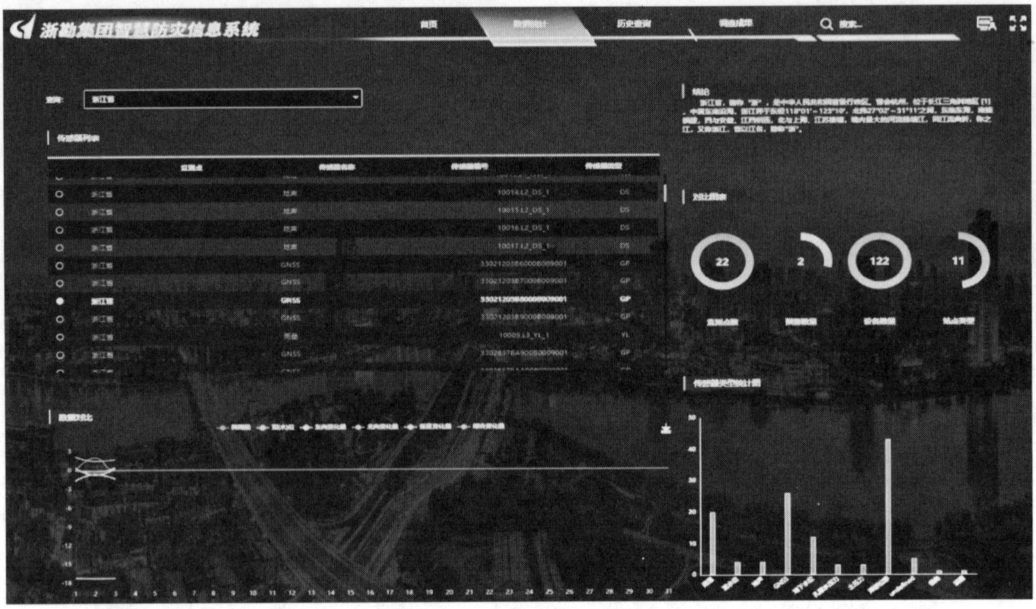

图 8-4　数据统计界面

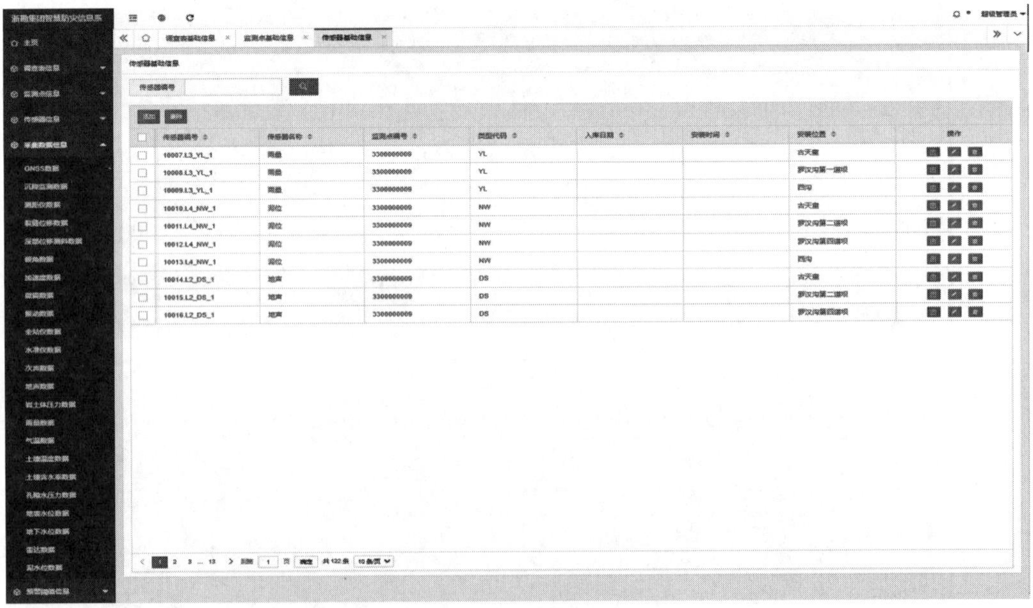

图 8-5　后台数据系统

## 2. 系统架构设计

按层次体系结构进行设计，在逻辑上对不同层次进行划分，有助于对平台进行分析和研发，也便于平台的维护和升级。本系统包含基础传感层、采集传输层、数据管理层和用户应用层（图 8-6）。在三维 GIS 场景中实时显示所有监测站点的分布，可及时、全面、准确地展示监测站点全站仪、GPS 或无线传感器各类监测设备的监测数据信息，具体包括监测数据集成管理模块、地质灾害监测预警分析模块和地质灾害调查成果展示模块。

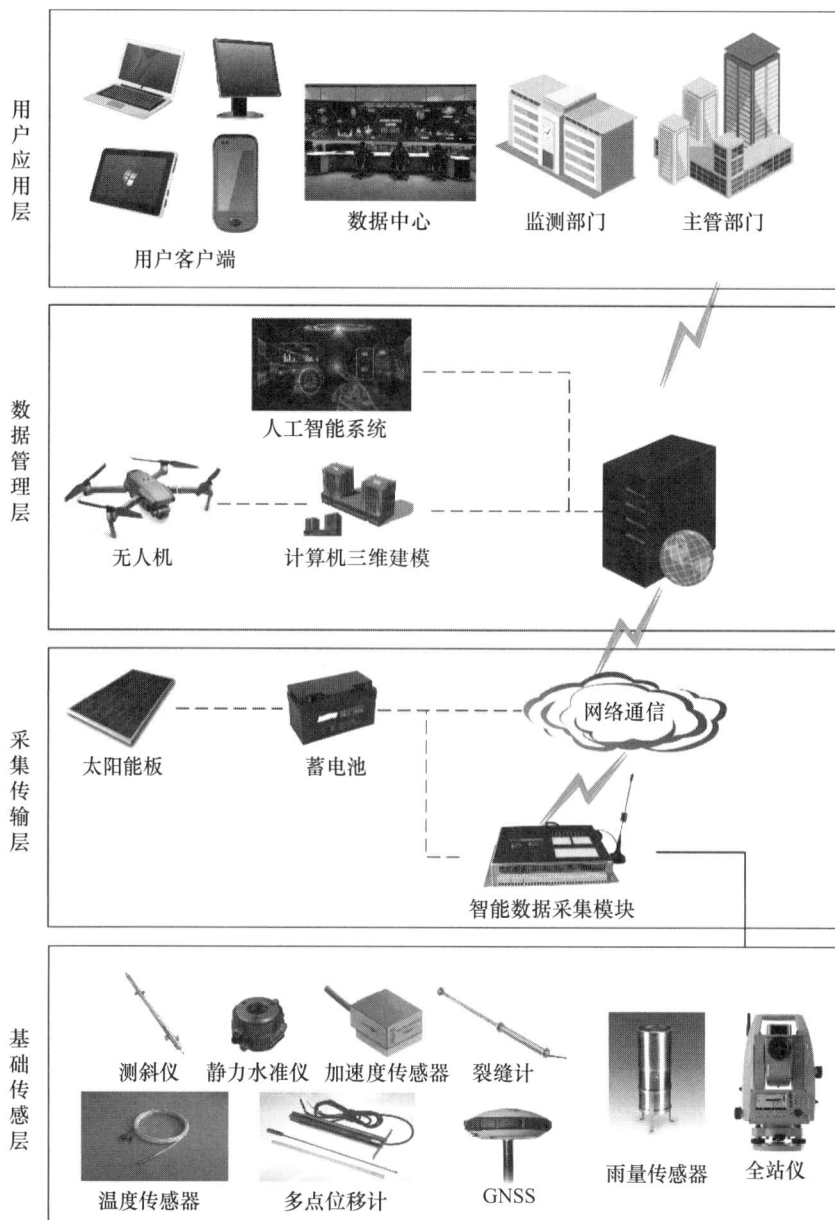

**图 8-6　浙勘集团智慧防灾信息系统结构示意**

## 3. 运行环境设计

操作系统 1：Windows7/8/10/11 全版本。

推荐使用谷歌 Chrome 浏览器。

操作系统 2：Windows Server 2008/Server 2012 及更高版本。

数据库：MySQL。

JDK：1.8 以上。

使用角色：超级管理员、设备维护员、其他自定义角色。

### 4. 关键创新技术

（1）建立统一数据模型、统一数据存储和服务平台，采用空间数据库、地理信息系统等技术构建地质灾害实时监测预警系统。

通过物联网、4G/5G、大数据等技术，结合 GIS，完成地质灾害标准数据库和专题数据库建设，接入 GNSS、雨量、水位、土壤含水率、测斜、振动、裂缝等 23 类监测数据，并将多源数据融合到一个平台，实现地质资源信息的社会共享、内部监管和综合分析三大功能，提供从二维到三维一体化的数据管理、显示和分析体系。

（2）可视化窗口与实时数据的联动

本系统主页展示的信息数据以及图表信息与地图选择区域自动关联，系统根据所选区域自动展示该区域相关信息，包括设备数、预警信息、监测点数量、设备工况、区域降雨数据等信息。

（3）三维可视化技术与物联感知技术多元融合

本系统融入无人机倾斜摄影成果，实现地质灾害监测三维可视化展示；并在三维模型中设置传感设备安装情况，直观反映传感设备实际安装位置。

（4）斜坡单元成果可视化展示

采用空间数据库、地理信息系统等技术，将地质灾害斜坡单元调查成果在本系统中进行可视化展示，创新性地将地质灾害调查数据与监测数据有机结合，是地质灾害防治工作向"斜坡单元精细化管控"发展的有效尝试。

## 8.2.2 工程应用及效果

浙勘集团智慧防灾信息系统研发完成后成功应用于宁波市北仑区地质灾害风险普查项目、奉化区溪口镇董溪二村小麦田头滑坡监测项目、天台县地质灾害专业监测点和山区雨量自动监测站服务采购项目等（图 8-7～图 8-9）。实现地质灾害风险防范区实时动态监测，系统运行平稳，监测数据在线率达到 100%，为地方防灾减灾提供了科学保障。

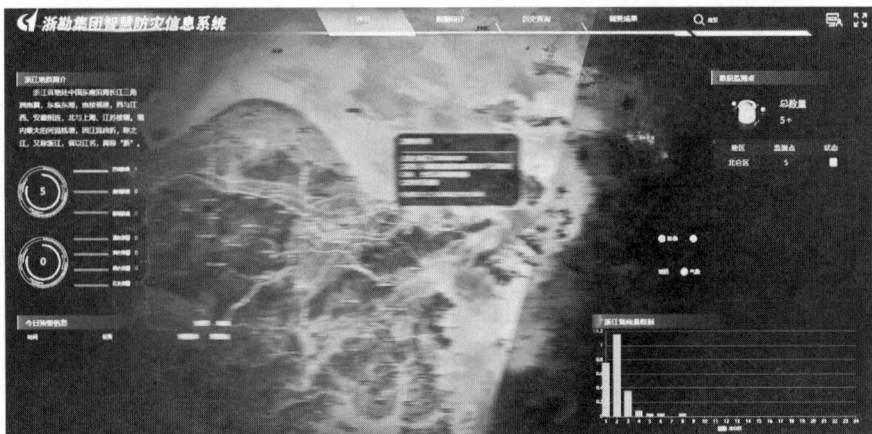

**图 8-7 宁波市北仑区地质灾害风险普查项目**

图 8-8　奉化区溪口镇董溪二村小麦田头滑坡监测项目

图 8-9　天台县地质灾害专业监测点和山区雨量自动监测站服务采购项目

## 8.3　宁波市南山章滑坡自动化监测示范基地

为开展系统的滑坡灾害监测研究，我公司在浙江省宁波市宁海县南山章滑坡建立监测示范点，应用自动化监测技术，构建专业滑坡灾害监测网，实时掌握滑坡动态，建立滑坡灾害预警预报系统，对滑坡灾害监测领域起到示范作用，提升滑坡监测预警水平，为大型滑坡防治提供了技术支撑。

### 8.3.1　南山章滑坡概况

南山章滑坡位于宁海县桑洲镇南侧，屿南山岗西北及北侧山坡，距离桑洲镇人民政府直线距离约 1.36km，上林—江家、外山郑—平园公路环绕（图 8-10 和图 8-11）。主滑方向为北东 27°，前缘宽约 340m，主轴方向纵长约 490m，相对高差约 90m，平面面积约 20.1 万 $m^2$，滑坡体厚度 6～23m，平均厚度约 15m，滑坡体体积约 301 万 $m^3$。滑体组成物质为残坡积碎石土、含碎石黏性土，滑床以晶屑玻屑凝灰岩为主构成的完整基岩，滑坡的潜在主滑面均为第四系覆盖层与下伏泥岩及全风化接触界面。南山章滑坡威胁 160 户 236 人，属重大地质灾害隐患点。

图 8-10　南山章滑坡区域及其周边地形影像

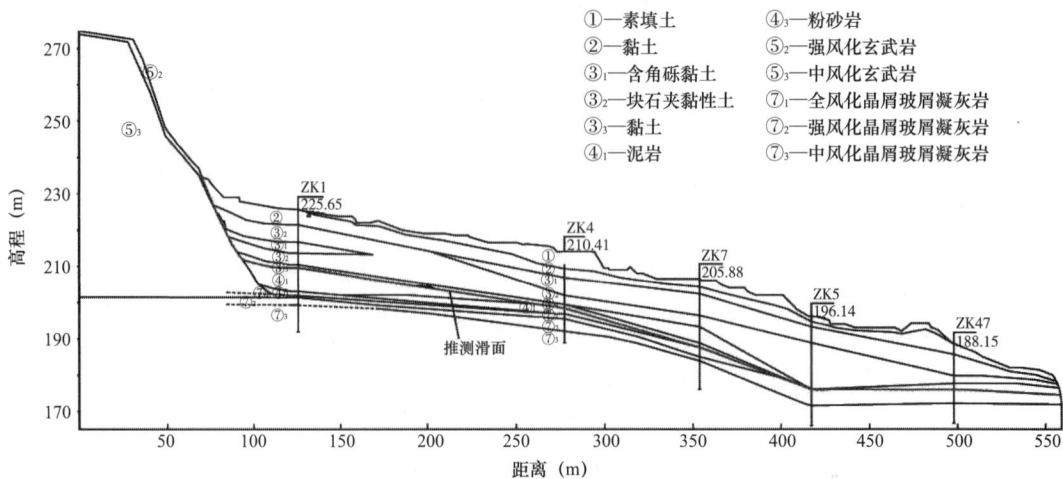

图 8-11　南山章滑坡典型地质剖面

滑坡所在区地处屿南山岗北麓，环境秀丽怡人，境内多冈峦，丘陵起伏。村内部老旧古民居密布，近年来新建不少民宿和景观设施，正大力发展旅游休闲经济。农业以茶叶、水稻种植为主，桑洲镇党委、政府大力推进以茶叶为主导的农业产业化进程，利用春茶在宁波境内发芽最早的优势，实施"以茶富民"战略，着力打造"望海早茶"基地，积极走产业化经营之路。

根据浙江省第五地质大队 1989 年 1 月提交的《浙江省宁海县桑洲滑坡勘查报告》，针对滑坡调查范围，早期滑坡产生的变形特征评述如下：1985 年 8 月下旬，宁海县连降暴雨，日最大降雨量达 98mm，位于宁海县西南部的桑洲镇南山章、上林村等地于同年 8 月 24 日发生滑坡，造成民房严重开裂、变形甚至倒塌，耕地不同程度地出现倾斜、错落、位移、漏水，部分井、塘干涸。

1989 年，浙江省第五地质大队对该滑坡进行了实地勘察，认为该滑坡处于缓慢蠕滑阶段。与这一滑坡相伴生的共有 7 条近于平行的裂缝，主要分布于南山章村西侧村庄建筑群，呈扇形分布，间距 25～100m，倾向北东，裂缝延伸长度 50～135m，其中中部 1 条主裂缝规模最大，危害最深，一直从南山章村西侧往东过大坑溪延伸至六峰村西南约 70m 处消失，长度 620m。裂缝经过处，民房墙体与地面开裂严重（最深约 3m），并向滑动方向显著倾斜且凹凸不平，造成墙顶与立柱错位、村外梯田开裂，最大落差 1.5m，形成滑坡台阶且漏水严重。其通过大坑溪时，造成溪沟两侧砌石扰动松脱，局部坍塌鼓出。

2017 年，浙江省工程勘察设计院集团有限公司（原浙江省工程勘察院）完成对该地质灾害初步勘察报告，勘查结果表明，滑坡整体处于基本稳定状态—稳定状态，与滑坡区现状稳定性状态相吻合。通过自动搜索滑面及根据裂缝位置进行计算，计算结果显示滑坡区局部地段存在不稳定—欠稳定状态，局部区域有发生次级滑坡的可能性。勘察区最不利滑动面为新近系泥岩与上覆第四系地层接触界面，其次为风化基岩层面及与第四系地层接触界面，第四系地层中白泥及黏性土层是控制局部次级滑动的因素。根据滑坡所处地形地貌分析，后缘坡度较陡，陡坎限制了地表水流向，使得地表水迅速向滑坡体汇聚，并向下渗透，遇黏性土渗透性减弱、水体富集，造成滑体长期处于饱水状态，第四系下伏泥岩及基岩为隔水层，地下水至此改变渗流途径，沿软弱层泥岩与第四系地层接触界面、风化基岩潜蚀、软化，当达到临界状态时，滑坡体后部滑动，推动滑体中部滑动，滑体的剪出口位于前缘临空面处。

针对该地质灾害点，开展"专业监测＋排水＋局部支挡"的综合防治措施，解决了当地搬迁难度大、工程治理费用高的问题，同时保障了现场生命财产安全。

## 8.3.2　监测方案设计

根据《崩塌、滑坡、泥石流监测规范》DZ/T 0221—2006 等相关规范，应建立以地表位移、裂缝位移、深部位移、地下水位的立体监测系统，监控滑坡整体变形（图 8-12）。

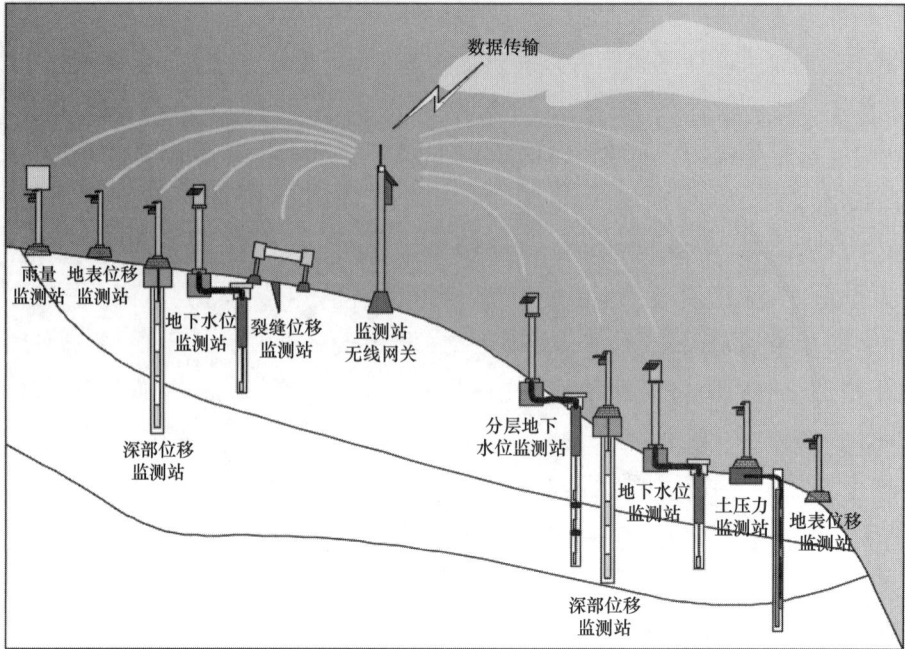

**图 8-12　滑坡监测内容示意**

根据滑坡范围和平面形态,综合考虑滑坡稳定性计算结果,结合工程地质剖面图和钻孔柱状图,因地制宜地进行布设监测网,选择扇形监测网布置。沿主滑方向布置主监测剖面 B—B′剖面,重点监测靠近坡体后缘和中前缘位置,A—A′ 及 C—C′ 剖面为副监测剖面(图 8-13)。

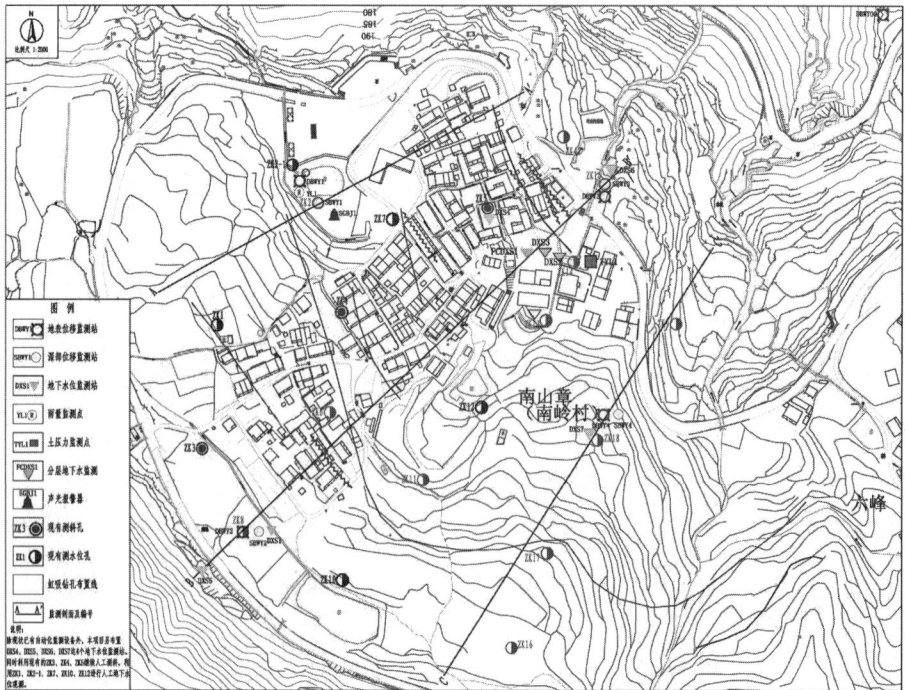

**图 8-13　南山章滑坡自动化监测设备布置**

滑坡区共布置 20 套监测设备，包括一体化地表位移自动监测站 5 套（其中基准站 1 套），一体化深部位移自动监测站 4 套（每套 7 支传感器），一体化雨量自动监测站 1 套，一体化地下水位自动监测站 7 套，一体化土压力自动监测站 1 套，一体化分层孔隙水压力自动监测站 1 套，一体化声光报警监测站 1 套。每处设备安装完成后加装围栏进行围护，并在滑坡区内开展 LED 显示屏、展板等宣传展示工作。

### 8.3.3　设备选型及参数

#### 1. GNSS 监测站

一体化 GNSS 自动监测站主要由 GNSS 测量型接收机、GNSS 天线、GPRS 天线、馈线、太阳能板、蓄电池、地埋箱、一体化安装支架、GNSS 解算系统等构成。主要技术参数详见表 8-2。

一体化 GNSS 自动监测站技术参数　　　　　表 8-2

| 序号 | 主要技术指标 | 主要技术参数 |
| --- | --- | --- |
| 1 | GNSS 接收机类型 | 双星双频 |
| 2 | 精度 | 水平方向：±2.5mm + 1ppm<br>垂直方向：±5mm + 1ppm<br>可靠性：＞99.9% |
| 3 | 定位更新率 | 10Hz 以上 |
| 4 | 通道数 | 220 |
| 5 | 功耗 | ＜2W |
| 6 | 环境温度 | −40～75℃ |
| 7 | 输出电压 | + 12V DC |
| 8 | 外置接口 | 电源 /GPS 天线 /GPRS 天线 / 网线等 |
| 9 | 防护等级 | ≥IP67 |
| 10 | 天线 | 野外型高精度圆盘天线 |
| 11 | 太阳能板 | 150W 太阳能板供电 |
| 12 | 蓄电池 | 100A·h 免维护电池 |
| 13 | 一体化站杆 | 3m |

#### 2. 深部位移监测站

测斜传感器利用滑轮组件与连接杆连接多个倾斜传感器而成，主要用于大坝、桥梁、边坡、隧道周边开挖工程的倾斜测量。用于对监测体的水平位移和垂直位移进行监测，可以实现自动化采集。可同时测量 $X$、$Y$ 两个方向的倾斜变化，从而通过计算可得出倾斜方向与倾斜角度，并可直接挂接总线系统进行自动化数据采集。导轮式固定测斜仪可以在测斜管中滑动，多支放置于同一孔内，从而可以监测一个剖面或者整个孔的不同深度水平倾斜情况，带导轮形式的设计方便回收和更换（图 8-14）。

一体化深部位移自动监测站主要技术参数详见表 8-3。

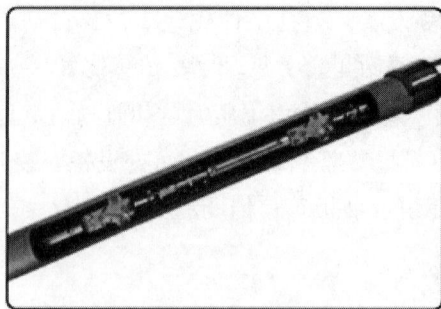

**图 8-14　深部位移监测传感器示意**

一体化深部位移自动监测站技术参数　　　　　　　　　　　　　表 8-3

| 序号 | 主要技术指标 | 主要技术参数 |
|---|---|---|
| 1 | 测量方向 | 水平垂直二向 |
| 2 | 测量范围 | ±30° |
| 3 | 传感器分辨率 | 9″ |
| 4 | 精度 | ±0.1%F.S. |
| 5 | 长期稳定性 | ±0.25%F.S./年 |
| 6 | 平均无故障工作时间 | ≥30000h |
| 7 | 温度范围 | −20~80℃ |

### 3. 雨量监测站

一体化雨量自动监测站支持联动功能，在地质灾害监测预警联动系统中作为触发监测站，监测的数据可通过 GPRS、SMS、CDMA、北斗卫星等通信方式传输至监测预警中心的地质灾害监测预警联动系统平台，经系统校验、解析后，通过与设定的该站警戒值进行对比，如果降雨量超过预设的警戒值，系统会通过联动指挥机向其他类型的监测站发送唤醒和加密采集命令，调动所有设备对灾害体进行监测（图 8-15）。

**图 8-15　雨量筒示意**

一体化雨量自动监测站主要技术参数见表 8-4。

一体化雨量自动监测站技术参数 表 8-4

| 序号 | 主要技术指标 | 主要技术参数 |
|---|---|---|
| 1 | 承雨口内径 | $\phi200+0.6mm$，外刃口角度 45° |
| 2 | 分辨率 | 0.5mm |
| 3 | 测量降雨强度 | ≤4mm/min，在 8mm/min 内可以工作 |
| 4 | 误差 | ±3%（室内静态测试，雨强为 2mm/min） |
| 5 | 工作温度 | 0～+50℃ |
| 6 | 储存温度 | −10～+50℃ |
| 7 | 开关容量 | DC，$U≤12V$，$I≤500mA$ |
| 8 | 平均无故障工作时间 | ≥30000h |
| 9 | 材质 | 不锈钢 |

### 4. 地下水监测站

南山章滑坡共建设 7 套一体化地下水位监测站，其中，主剖面 B—B′ 后缘坡体内侧布置 DXS1，后缘坡体外侧布置 DXS5，前缘布置 DXS6；副监测剖面 C—C′ 布置 DXS7；勘察期间靠近前缘位置出现地下水位超出地表，在该点布置监测站 DXS2、DXS3 和 DXS4，其中 DXS2 和 DXS3 水位计安装在②层和③₃层（均为黏土层）顶面以上附近位置，分别用来监测②层以上潜水位以及②层与③₃层之间的承压水位，为后期科学研究提供数据参考。一体化地下水位监测站采用 HR8006 型压力式水位计（图 8-16），主要技术参数见表 8-5。

图 8-16 HR8006 型压力式水位计

水位计主要性能指标 表 8-5

| 序号 | 主要技术指标 | 主要技术参数 |
|---|---|---|
| 1 | 量程 | 0～50mH₂O |
| 2 | 测量精度 | 0.2%F.S. |
| 3 | 分辨率 | 0.005%F.S. |
| 4 | 长期稳定性 | ＜0.1%F.S./年 |
| 5 | 供电电压 | 9～30V DC |
| 6 | 通信接口保护 | （2kV）浪涌电压 |

续表

| 序号 | 主要技术指标 | 主要技术参数 |
|---|---|---|
| 7 | 负载能力 | 128 个变送器节点 |
| 8 | 输出方式 | RS485 接口，MODBUS-RTU 协议 |

### 5. 土压力监测站

土压力监测站建设在 B—B′ 剖面附近靠近坡体前缘的位置，安装孔径 186mm，孔深 24m，钻进至基岩 1m。由于孔内不安装套管，为防止孔壁坍塌，在钻孔结束后，马上下放土压力传感器（图 8-17）。3 支土压力传感器焊接在尺寸为 100mm×50mm 的方钢上，安装深度分别为 8m、16m、24m，通过钻机的塔架将焊有土压力传感器的方钢下放至孔内，下放结束后，填土将钻孔充实。

图 8-17　土压力传感器

土压力计为埋入式传感器，其主要技术参数见表 8-6。

土压力传感器技术参数 表 8-6

| 序号 | 主要技术指标 | 主要技术参数 |
|---|---|---|
| 1 | 适用传感器 | 箔式应变传感器 |
| 2 | 量程 | 0.2MPa |
| 3 | 额定输出 | 1mV/V |
| 4 | 精度 | 1.0%F.S. |
| 5 | 电阻 | 350Ω |
| 6 | 激励电压 | 3V DC |

### 6. 分层孔隙水渗压监测

分层地下水位监测时，单个孔内安装有多个孔隙水压力传感器，分布于各透水层中，孔内隔水层利用黏土填堵，透水层用粗砂填实，各个传感器采集数据通过电缆传输至地表设备（图 8-18）。

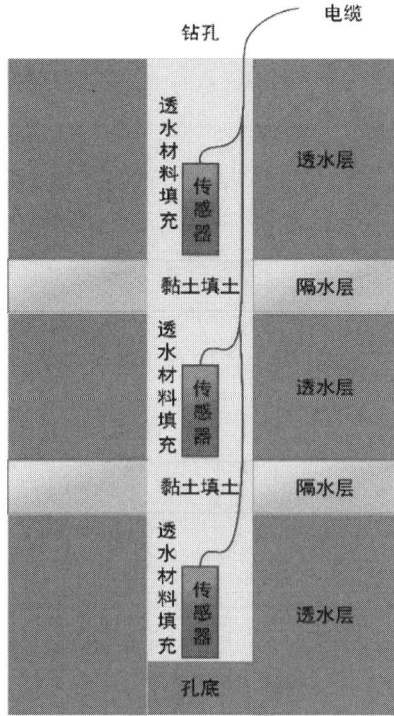

**图 8-18 分层孔隙水压力传感器安装示意**

1500 型孔隙水压力传感器是一种测量土壤中水压力的压力式传感器，由水压力计、透水石等部件组成，用于测量不同地质层面的孔隙水压变化，适用于各种不同地质层面的渗水压力测量，可进行长期自动化监测测量（图 8-19）。

**图 8-19 孔隙水压力传感器**

孔隙水压力传感器主要参数详见表 8-7。

孔隙水压力传感器技术参数　　　　　　表 8-7

| 序号 | 主要技术指标 | 主要技术参数 |
| --- | --- | --- |
| 1 | 测量介质 | 水及非腐蚀性液体 |
| 2 | 过载压力 | 最大量程的 2 倍 |

| 序号 | 主要技术指标 | 主要技术参数 |
|---|---|---|
| 3 | 精度 | ±0.1%F.S. |
| 4 | 分辨率 | ±0.025%F.S. |
| 5 | 平均无故障工作时间 | ≥30000h |
| 6 | 量程区间 | 0～0.2MPa |
| 7 | 温度范围 | −25～80℃ |

### 7. 声光报警

无线预警广播站位于南山章村委会背后池塘上方，站点设备包含 3m 镀锌钢管立杆、不锈钢防雨机箱、预警广播（图 8-20）主机、高音喇叭（2 个）、声光报警器、太阳能供电系统等。

（a）　　　　　　　　　　　　　　（b）

**图 8-20　无线预警广播**

（a）安装过程；（b）安装完成

监测设备完成现场照片如图 8-21 和图 8-22 所示。

**图 8-21　设备完成现场 1**

图 8-22　设备完成现场 2

## 8.3.4　监测数据总结

滑坡上共部署地表位移监测站 5 站，地下水位监测站 7 站（一期 3 站，二期 4 站），深部位移监测站 4 站，土压力监测站 1 站，分层孔隙水渗压监测站 1 站，雨量监测站 1 站，报警器 1 站。

各监测站数据采集频率为 4h/ 次，本书选取数据监测周期为正式运行日至 2020 年 8 月，为便于分析，降雨量以每天降雨量总和为 1 组数据，其余监测站选取每天 1 组数据，绘制结果图进行分析。

监测结果实时反映坡体信息，为决策部门提供重要数据支撑。2019 年"利奇马"台风期间，受强降雨影响，浙江省内多处发出红色预警信息，该点作为重点地质灾害隐患点受到相关部门高度重视，然而监测数据显示，虽降雨强度高，但坡体整体相对稳定，未发生整体滑动迹象。监测成果不仅为政府决策部门提供了重要参考，也为防治工程运行效果评估提供了不可或缺的科学依据，同时也保障了当地百姓的生命和财产安全。同类事件还有 2020 年"黑格比"台风、2021 年"烟花"台风、2022 年"梅花"台风期间。

### 1. 雨量监测数据分析

图 8-23 和图 8-24 分别为 2018 年 1 月 1 日至 2020 年 8 月 12 日南山章滑坡区域日降雨量和月降雨量统计结果，监测周期内滑坡区域总降雨量为 4440.7mm，其中，2018 年降雨量约 1503.5mm，2019 年降雨量为 2417.2mm，2020 年（截至 8 月 12 日）降雨量为 520mm。从图 8-24 可以看出，滑坡区长年有雨，没有非常明显的干旱季，这也符合热带季风气候区温暖湿润、四季分明、雨量充沛的特点。监测周期内日最大降雨量为 202.2mm，发生在 2019 年"利奇马"台风期间 8 月 10 日，2018 年日最大降雨量为 83.5mm，发生在 2018 年 9 月 17 日，2020 年截至目前尚未发生明显强降雨。

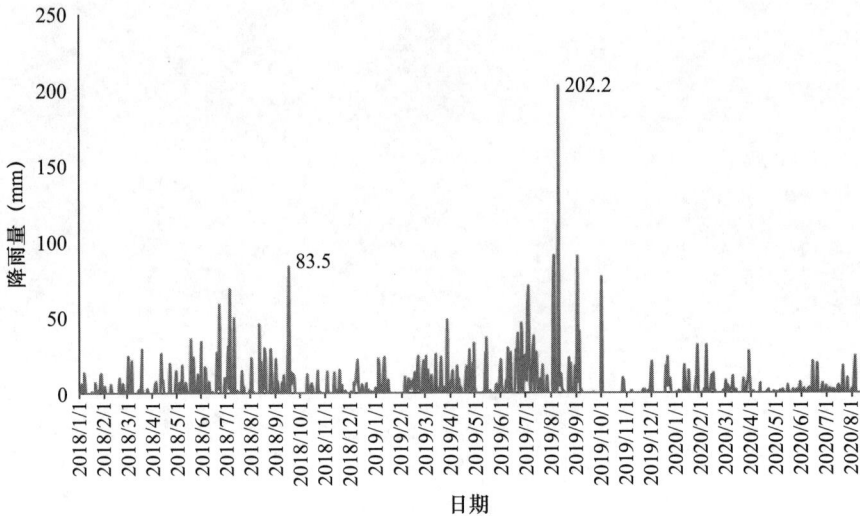

图 8-23　日降雨量统计结果

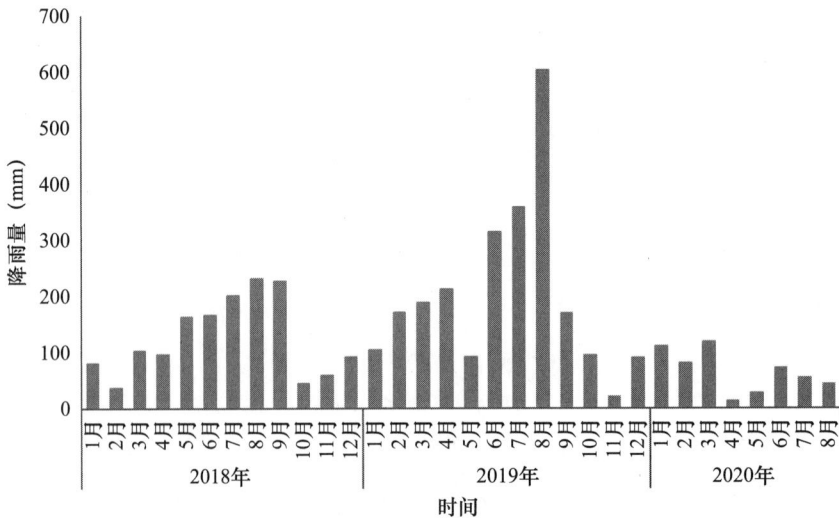

图 8-24　月降雨量统计结果

受梅雨季节和台风季节影响，每年 5～6 月降雨量不大但会出现连续降雨，降雨量最为集中的时间段为 7～9 月。受"利奇马"台风影响，近年来的月最大降雨量发生在 2019 年 8 月，达到了 602.9mm，2020 年整体降雨较少。

**2. 地表变形监测数据分析**

南山章滑坡共布置 5 套 GNSS 监测站，其中 GNSS0 为基准站，监测站 GNSS2、GNSS3 分布在主监测剖面 B—B′ 上，监测站 GNSS1、GNSS4 分别分布在副监测剖面 A—A′ 和 C—C′ 上。

每个监测站点监测东向（$X$）、北向（$Y$）以及垂直方向的位移（$Z$），可以确定各个方向的位移量以及位移方向，根据三个方向的位移量可以计算综合变化量。

（1）GNSS1 位移变化情况

图 8-25 为 GNSS1 监测位移变化情况，监测期间，GNSS1 累计位移量不超过 20mm，主要位移变化出现在 2019 年 1 月—2019 年 10 月，由于位移量较小，且位移值有回落趋势，考虑到该点位于池塘边，且泥土层较厚，受泥土膨胀收缩以及现场人类活动影响，因此出现位移增大后回落现象，监测周期 32 个月内该点位移量小，整体相对较稳定。

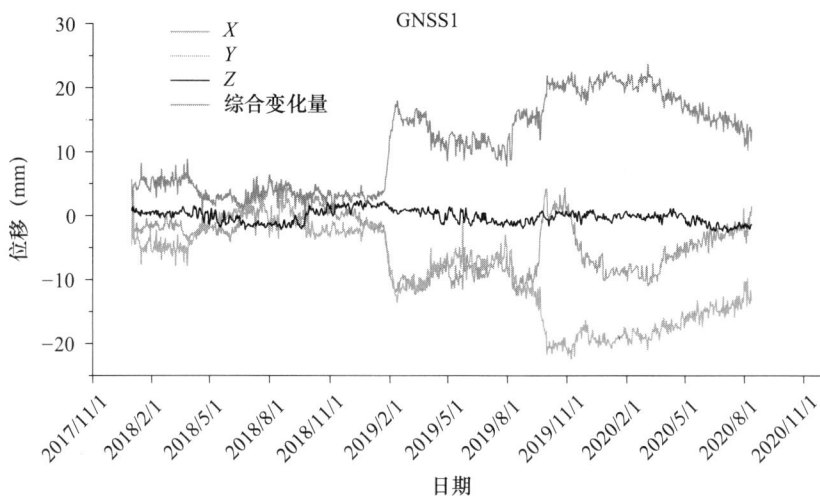

**图 8-25　GNSS1 监测位移变化**

（2）GNSS2 位移变化情况

由图 8-26 可见，GNSS2 监测站点位移有增大趋势，位移加速变化主要出现在 2018 年 12 月下旬，该期间降雨并不强烈，发生位移加速主要是由于南山章滑坡全面实施治理工程，地表排水、虹吸排水等防治工程全面启动。监测期间该点位移量约 25mm，位移方向为北东向，与坡体整体地形一致。

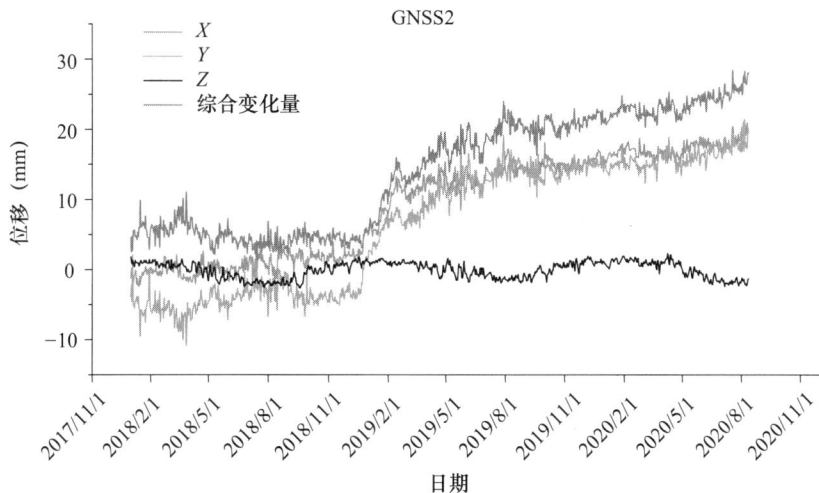

**图 8-26　GNSS2 监测位移变化**

（3）GNSS3 位移变化情况

图 8-27 为 GNSS3 监测位移变化情况，监测结果显示，该点在垂直方向和东向未发生明显位移，2018 年 4 月之后，北向位移出现持续缓慢变形，东向变化量出现了负增长，表明该点发生西方向位移，这与该点局部地形坡度有关，该点西北侧为地势较低的农田。该点位于滑坡前缘位置，综合变化量主要受北向变化量控制，受降雨影响不明显，监测周期内位移量约 50mm，方向北偏西，表明坡体局部区域出现蠕滑现象，需加强持续观测，注意防范。

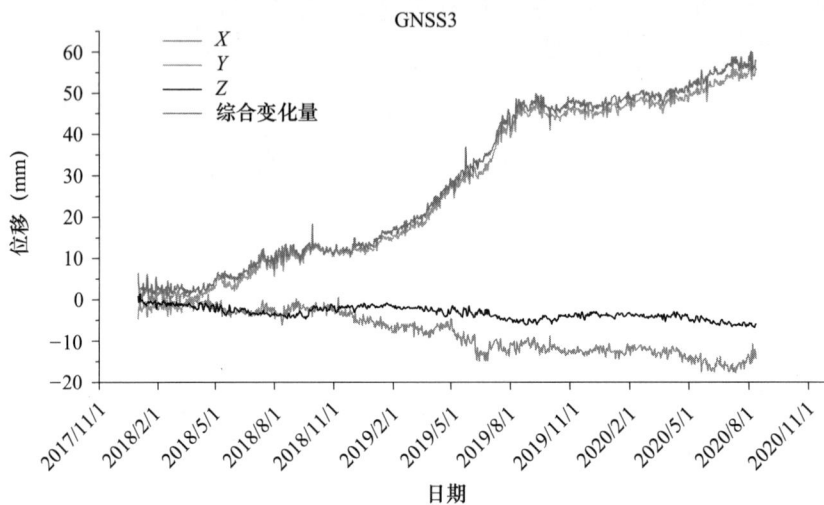

**图 8-27　GNSS3 监测位移变化**

（4）GNSS4 位移变化情况

GNSS4 监测结果（图 8-28）显示，2018 年 7 月之前，监测站点基本稳定，各方向没有发生明显位移。7 月中旬之后，垂直方向未发生明显位移，但东向和北向出现加速位移。不同于 GNSS3 的持续缓慢变形，GNSS4 出现三段位移加速阶段，第一阶段为 2018 年 7 月下旬至 8 月上旬，第二阶段为 2018 年 10 月上旬，第三阶段为 2019 年 7 月下旬至 9 月下旬。降雨量统计结果显示，在这三个阶段之前均出现暴雨，在此期间还出现了连续降雨，说明强降雨和连续降雨对该点位移有明显影响，但存在滞后效应。2018 年 GNSS4 综合位移量约为 20mm，方向北东向。2019 年受"利奇马"台风影响，该点位移量约 40mm，方向北东向，主要位移变化发生在"利奇马"台风期间。监测周期内，GNSS4 监测点发生综合位移约 60mm，方向北东向。

（5）地表位移监测结果小结

从地表变形监测结果结合滑坡历史变形特征来看，总的来说，南山章滑坡整体处于相对较稳定状态，部分地区受降雨影响发生局部滑动，滑动方向主要为顺坡北东向，由于坡度总体较缓，在垂直方向没有出现明显位移。进入梅雨季节和台风季节之前，坡体整体稳定，进入梅雨季节之后，尤其是强降雨和连续降雨后，部分地区出现局部滑动，最明显的是 2019 年"利奇马"台风期间，GNSS4 监测点发生位移约 40mm，位移变化一般持续到台风季节结束，在此期间，应加强观测和预报预警。

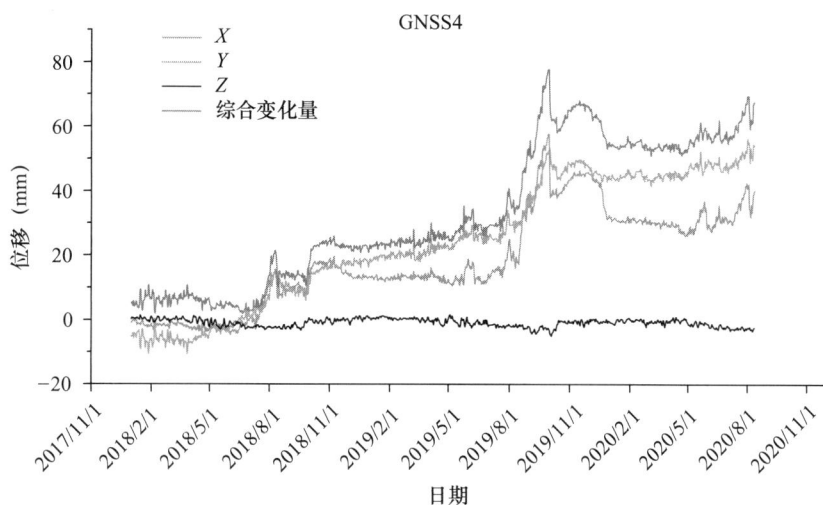

图 8-28　GNSS4 监测位移变化

### 3. 深部位移监测数据分析

南山章滑坡共布置 4 套深部位移监测站，监测站 SBCX2、SBCX3 分布在主监测剖面 B—B′ 上，监测站 SBCX1、SBCX4 分别分布在副监测剖面 A—A′ 和 C—C′ 上。其中 SBCX1 和 SBCX3 监测数据连续完整，SBCX2 和 SBCX4 监测站点由于设备故障在 2019 年 5 月后数据缺失，设备维修后，两处测斜位移仍然非常小，位移量不超过 2mm，缺失数据对监测结果分析无明显影响。监测结果如图 8-29～图 8-32 所示。

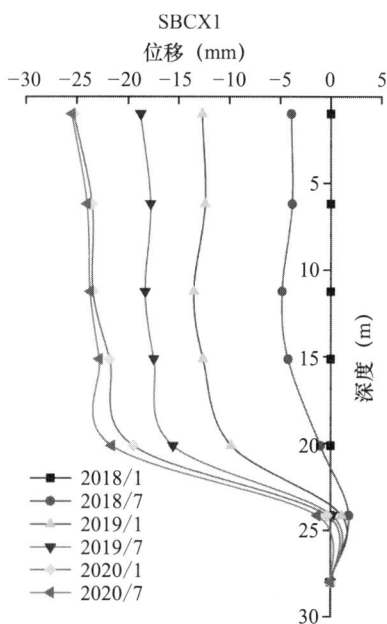

图 8-29　深部测斜 1 监测结果

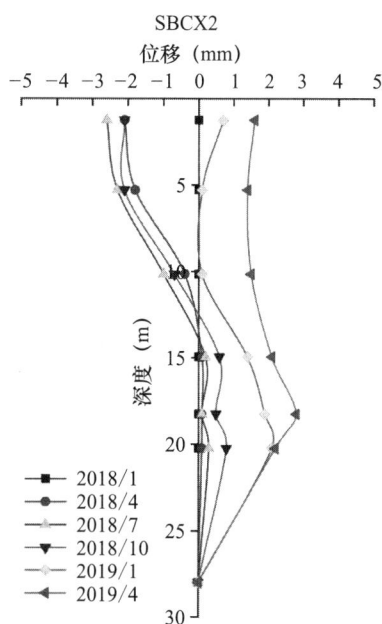

图 8-30　深部测斜 2 监测结果

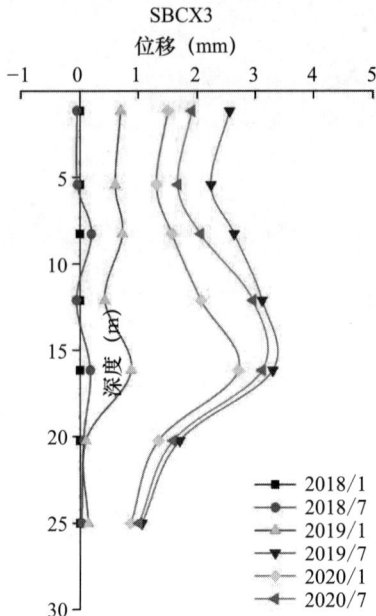

图 8-31　深部测斜 3 监测结果　　　图 8-32　深部测斜 4 监测结果

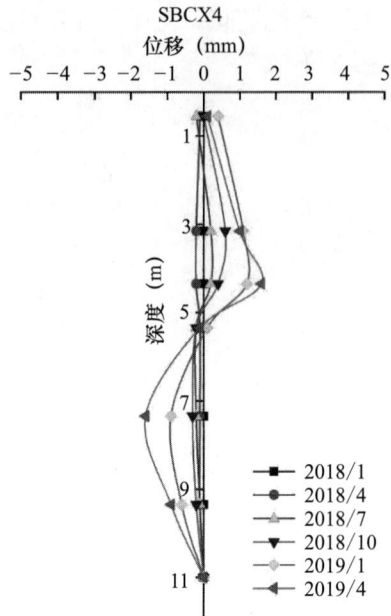

从深部位移监测结果可以看出，仅深部测斜 1 发生相对较明显位移，监测周期内位移量约 25mm，滑带埋深 20～24m，正是推测滑动面③₃黏土层和④₂泥岩层所处的位置。该点深部位移持续缓慢，位移方向与顺坡向相反，与该点地表位移监测结果一致，这与该点局部地形以及现场人类活动影响相关，监测点局部地势平缓，2018～2019 年，现场施工较频繁，人类活动影响明显，位移持续发生，进入 2020 年后，现场无施工影响，未见明显位移。

SCBX2～SCBX4 监测结果显示，坡体均未发生明显变形，总体位移在 2mm 范围内变化，考虑到变形量太小，仪器误差、统计误差等因素，认为三点存在极缓慢的变形，整体基本稳定。

总的来说，深部位移监测结果显示，坡体未发生较明显变形，坡体处于相对稳定状态，局部地区发生缓慢变形。

**4. 地下水位监测数据分析**

（1）DXS1～DXS3 监测结果

一期工程 DXS1～DXS3 三处地下水位监测结果见图 8-33。从图 8-33 中可以看出，DXS1 曲线波动幅度最大，随降雨量变化尤其明显，这与坡体中后部较缓，不利于地表径流有关。2018 年日降雨量最大值出现在 9 月 17 日，达到 83.5mm，2019 年日降雨量最大值出现在 8 月 10 日，达到 202.2m，DXS1 监测点水位到达地表，埋深值为 0，坡体处于饱和或近饱和状态，在雨量较少的季节，该点地下水位较低，埋深最大值达到 4.56m。

DXS2 为潜水层地下水监测数据，可以看出，DXS2 曲线波动幅度较小，但随降雨量变化明显，变化趋势与 DXS1 基本一致，这与坡体地表径流有关。发生暴雨时，水位接近地表。DXS3 为两层黏土层之间的承压层地下水数据，该层水位明显高于 DXS2，且水位较稳定，受降雨影响但不明显，表明坡体存在承压水作用，推测来源为后缘玄武岩基岩裂隙水。

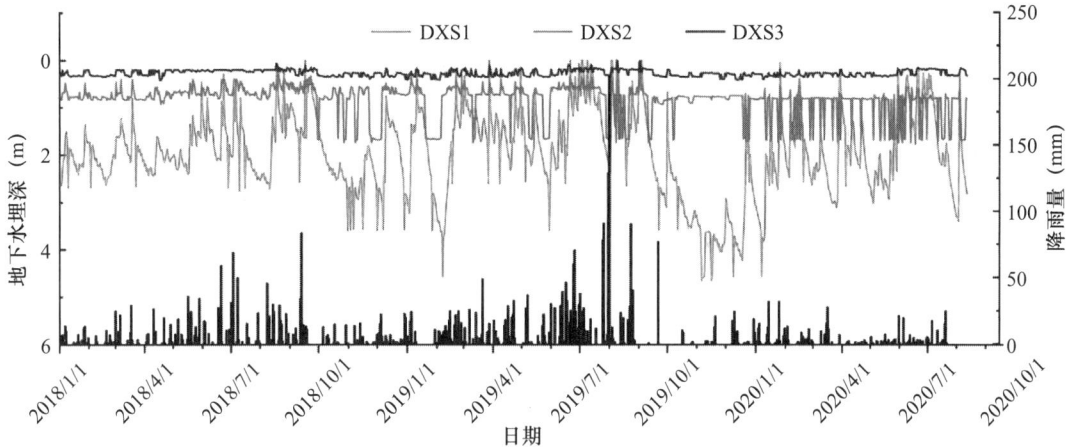

图 8-33　DXS1～DXS3 水位与降雨量变化

综合三个不同层位地下水位监测结果可知，南山章滑坡地下水位变化有以下特点：① 地下水位受降雨影响特别明显，发生暴雨时，坡体前后水位均到达或接近地表，坡体处于饱和或近饱和状态。② 滑坡前部地下水位波动幅度较大，靠近后缘的 DXS1 处变化幅度较小，造成这种变化的原因是前部坡度较陡，降雨容易造成地表径流。③ 坡体存在承压水作用，该层承压水水位较稳定，受降雨影响但不明显，发生日强降雨量时，该层承压水位几乎到达地表，对坡体稳定性不利。

（2）DXS4～DXS7 监测结果

二期工程 DXS4～DXS7 四处地下水位监测结果见图 8-34，其中 DXS6 由于传感器设备故障，2019 年 8 月 22 日至 2019 年 9 月 15 日数据缺失。

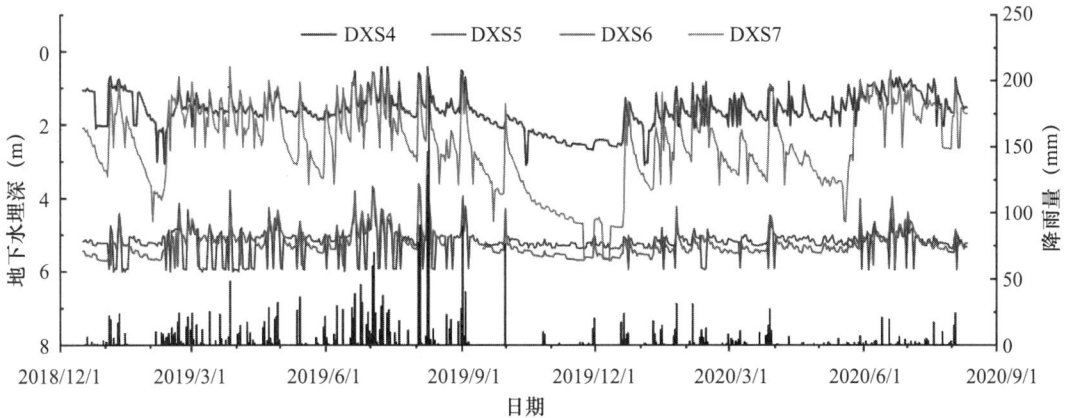

图 8-34　DXS4～DXS7 水位与降雨量变化

由于坡体后缘和前缘较陡，地表径排通畅，便于雨水及时排出，位于坡体后缘外侧的 DXS5 以及位于坡体前缘的 DXS6 水位受降雨影响但不明显；反之，坡体中部较缓，地表径排不及时，位于坡体中前缘 DXS4 及 DXS7 的地下水埋深较浅，受降雨影响明显，遇强降雨时水位接近地面。

### 5. 分层孔隙水压力监测数据分析

分层孔隙水压力监测结果见图 8-35，根据传感器安装设计，孔隙水压力 3 监测层位为潜水层，将水压力换算后，该层地下水埋深与 DXS2 监测结果对比，基本一致。总的来看，监测周期内，三处孔隙水压力变化较小。

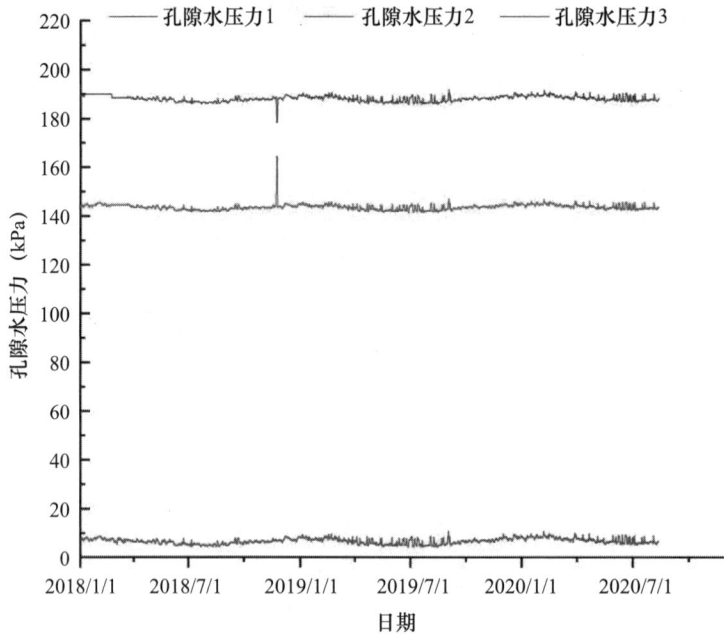

图 8-35　分层孔隙水压力监测结果

## 8.4　基于时间序列滑坡动态预测分析

变形预测是滑坡时间预报中的核心问题，变形是滑坡演化的最直接体现，同时也便于人们观测、捕捉和观察，因此具有较强的实际意义。

目前的滑坡变形定量预报模型大致可以分为三类：确定性预报模型、非线性预报模型和统计预报模型。确定性预报模型是把有关滑坡及其环境的各类参数用测定的量予以数值化，用严格的推理方法，尤其是数学、物理方法，进行精确分析，得出明确的预报判断。此类模型预报可反映滑坡的物理实质，多适用于滑坡或斜坡单体预测。非线性预报模型是引用了对处理复杂问题比较有效的非线性科学理论而提出的滑坡预报模型。统计预报模型主要是运用现代数理统计的各种统计方法和理论模型，着重于对现有滑坡及其地质环境因素和其外界作用因素关系的宏观调查与统计，获得其统计规律，并用于拟合不同滑坡的位移－时间曲线，根据所建模型做外推进行预报。

统计预报模型的特点在于其对数据统计特性的重视，如数据序列方差、数据序列点的相关性等。对这些特性的格外强调也正是统计预报模型与其他模型相比所具有的优势。统计预报模型以数据相关性分析和样本谱分析作为基础，根据统计数据的特性，可以对未来值及其噪声波动进行良好估计。其中，时间序列分析模型是公认的比较有效的统计预报模型，其最大特性是可以反映环境因素变化对边坡变形影响的波动性，并可适应因素影响的相关性分析。

## 8.4.1　基于时间序列的滑坡地下水位预测分析

边坡的变形和破坏受多种因素的耦合作用，最终因某些诱发因素激发失稳产生滑坡地质灾害。在众多的影响因素中，地下水对滑坡发展的各个阶段均有很大影响。在滑坡初始蠕变、稳定变形及加速变形阶段，地下水均会对其产生很大的影响。地下水位上升，会导致坡体非饱和区范围缩小、渗透力增加，土体的有效应力和抗剪强度被削弱，滑面抗滑力降低。因此，研究地下水位变化是滑坡预测预警工作的重要研究内容。

实时掌握边坡地下水位变化信息，对预测分析边坡稳定性具有非常重要的参考价值。通常可以通过长期监测地下水位进行滑坡预报预警，但实际工作中会遇到许多困难，例如，观测孔施工成本高，若开展长期自动化监测，成本更高，难以大量实施；观测孔易因周边人类活动或边坡变形而塌孔，造成监测数据中断甚至终止。因此，借助有效途径减轻对地下水位直接监测的依赖具有重要意义。

受到水文、地质和人为活动等因素影响，地下水位埋深预测比较困难。现阶段预测方法有灰色理论网、模糊数学、BP 神经网络和时间序列分析等方法。其中灰色模型对变化的非平稳序列预测精度偏低；模糊评价方法对权值选取带有一些主观性和随意性，结果往往容易失真；BP 神经网络寻优过程较慢，且容易陷入局部最小。故比较而言，时间序列分析法计算工作量小，精度相对较高，被广泛应用于自然和社科领域。

本节在浙江省宁海县南山章滑坡的自动化监测工作的基础上，利用前期降雨量和地下水位数据建立降雨－地下水位关系的统计分析模型，模拟降雨引起的地下水位变化规律，探讨基于降雨数据预测地下水位变化的方法。

### 1. 模型构建原理

时间序列是按照一定频率收集数据，其很难用一个完全确定的函数或函数组表示。时间序列大多具有统计规律性，可以通过概率分布函数或函数组对其取值的规律性作统计描述，从而对该系列数据未来的可能取值做出预测预报。

时间序列分析通常分为采样数据的检验和预处理、时间域模型的估计、时间序列的预报三个部分。采样数据的检验和预处理的目的是使非平稳时间序列转化为平稳时间序列，处理方式包括剔点处理、非平稳趋势的检验和提取趋势项等。时间域模型的估计包括自协方差和自相关函数的估计、模型参数的相关矩估计和最小二乘估计以及模型阶数的确定三个步骤。这里的模型主要是指 ARMA（自回归移动平均模型）和 ARIMA（差分整合自回归移动平均模型）两种模型。

ARMA（$p$, $q$）模型，即自回归移动平均（autoregressive moving average）模型，简记为：

$$\Phi(B)x_t = \Theta(B)\varepsilon_t \qquad (8\text{-}1)$$

ARIMA（$p$, $d$, $q$）模型，即差分整合自回归移动平均（autoregressive integrated moving average）模型：

$$\Phi(B)\nabla^d x_t = \Theta(B)\varepsilon_t \qquad (8\text{-}2)$$

式中：$\nabla^d = (1-B)^d$，

$\Phi(B) = 1 - \phi_1 B - \phi_2 B^2 - \cdots - \phi_p B^p$，为 $p$ 阶自回归系数多项式；

$\Theta(B) = 1 - \theta_1 B - \theta_2 B^2 - \cdots - \theta_q B^q$，为 $q$ 阶移动平均系数多项式。

使用 ARIMA（$p$, $d$, $q$）模型，需要满足以下两个限制条件：

条件 1：$E(\varepsilon_t) = 0$，$\mathrm{Var}(\varepsilon_t) = \sigma_\varepsilon^2$，$E(\varepsilon_t \varepsilon_s) = 0$，$s \neq t$。这个条件保证了随机干扰序列 $\{\varepsilon_t\}$ 为零均值白噪声序列。

条件 2：$E(\varepsilon_t \varepsilon_s) = 0$，$\forall s < t$。这个限制条件说明当期的随机干扰与过去的序列值无关。

ARIMA 模型的建模方法如图 8-36 所示。基本步骤：

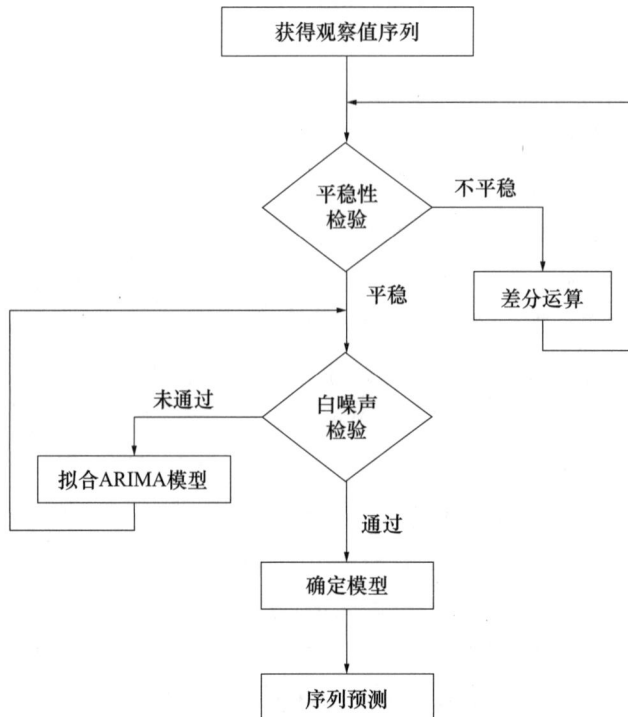

图 8-36　非平稳时间序列建模步骤

## 2. 工程概况及数据采集

针对前文提到的南山章滑坡开展本研究，由于后缘较陡且玄武岩柱状节理发育，利于地表水和基岩裂隙水入渗进入坡体，坡体中部较缓，地下水进入坡体容易滞留，引起后缘地下水位上升，后缘地下水位对坡体影响尤为突出。本次主要针对主断面后缘 ZK1 地下水位开展时间序列预测分析（图 8-37）。

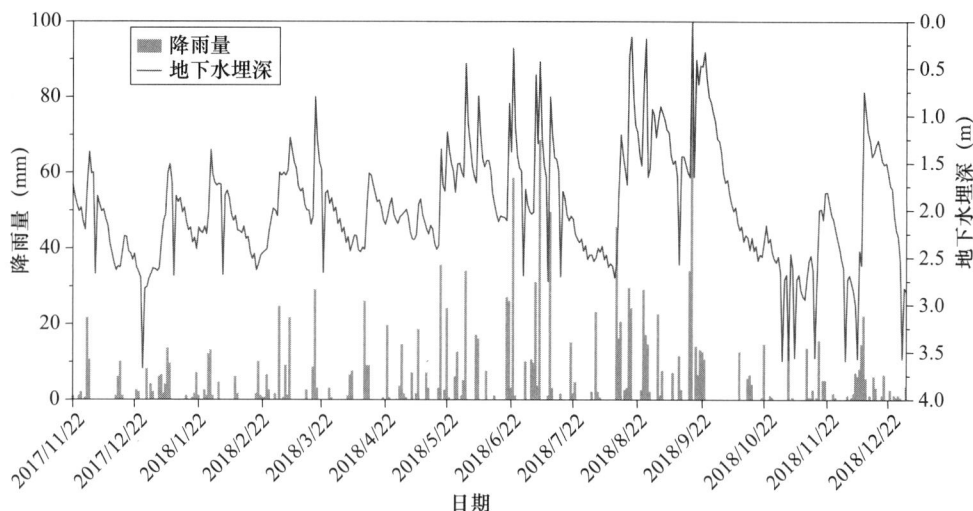

图 8-37　地下水埋深与降雨量

为了保证地下水位测量的连续性和准确性，选用一体化地下水位自动监测站、一体化雨量自动监测站进行自动化监测。水位计采用 HR8006 型压力式水位计，采用蓄电池太阳能供电系统，通过 GPRS/SMS 等通信方式进行无线数据传输，并配备专用数据处理软件进行数据处理。监测工作中地下水位传感器采集频率为 4h/ 次，量程为 0～50m，精度为 0.2%F.S.；降雨量测仪器测量误差为 ±3%，采集频率为 1 次 /4h。

## 3. 模型建立与检验

在分析中，以当日 24h 的地下水位埋深值 $x(t)$ 和当日 0—24 时的降雨量 $r(t)$ 作为分析样本。取监测期 $T$（2017 年 11 月 22 日—2018 年 12 月 31 日）内共 405 组数据进行分析。

对测得的原始数据作时序图（图 8-37），可以看出，原始数据序列 $x(t)$ 随降雨量的变化而明显波动，为典型非平稳时间序列，为了得到平稳时间序列，对序列 $x(t)$ 进行差分处理。1 阶差分自相关图如图 8-38 所示，差分序列显示 1 阶截尾性，具有短期相关性，确定序列平稳。

对平稳的 1 阶差分序列进一步进行白噪声检验，在各阶延迟下 LB 统计量的 $P$ 值都非常小（＜0.001），属于非白噪声序列，通过平稳非白噪声序列检验（表 8-8）。

通常根据描述序列的一些统计量（如自相关系数和偏自相关系数），结合 AIC（赤池信息准则）与 SBC（施瓦茨准则）等信息准则来确定 ARMA 的阶数 $p$ 和 $q$，并在初始估计中选择尽可能少的参数。

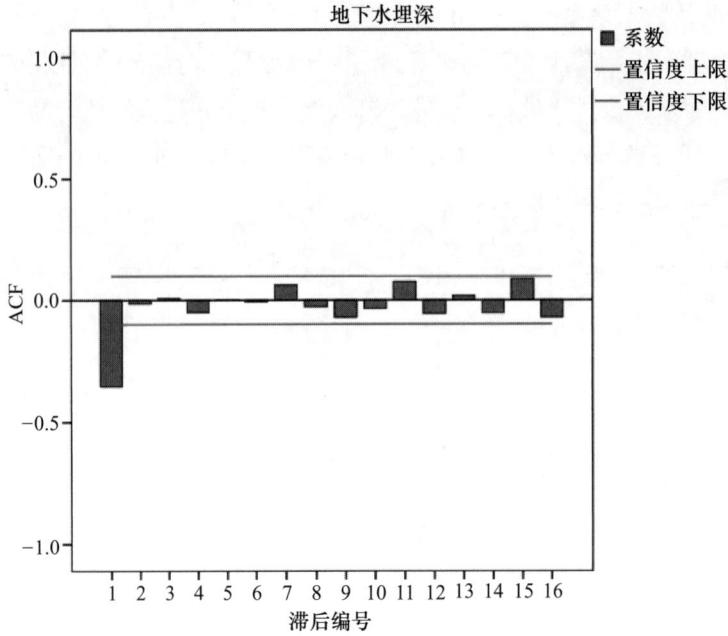

图 8-38 $x(t)$ 1 阶差分序列自相关图

1 阶差分序列白噪声检验 表 8-8

| Ljung-Box 统计 | | | | | |
|---|---|---|---|---|---|
| 延迟 | 自相关性 | 标准误差 [a] | 值 | 自由度 | 显著性 [b] |
| 1 | −0.352 | 0.050 | 50.461 | 1 | 0.000 |
| 2 | −0.013 | 0.050 | 50.531 | 2 | 0.000 |
| 3 | 0.008 | 0.049 | 50.555 | 3 | 0.000 |
| 4 | −0.049 | 0.049 | 51.522 | 4 | 0.000 |
| 5 | 0.004 | 0.049 | 51.530 | 5 | 0.000 |
| 6 | −0.005 | 0.049 | 51.541 | 6 | 0.000 |
| 7 | 0.063 | 0.049 | 53.167 | 7 | 0.000 |
| 8 | −0.026 | 0.049 | 53.437 | 8 | 0.000 |
| 9 | −0.069 | 0.049 | 55.401 | 9 | 0.000 |
| 10 | −0.033 | 0.049 | 55.859 | 10 | 0.000 |
| 11 | 0.076 | 0.049 | 58.283 | 11 | 0.000 |
| 12 | −0.054 | 0.049 | 59.496 | 12 | 0.000 |
| 13 | 0.019 | 0.049 | 59.646 | 13 | 0.000 |
| 14 | −0.051 | 0.049 | 60.745 | 14 | 0.000 |
| 15 | 0.088 | 0.049 | 64.006 | 15 | 0.000 |
| 16 | −0.069 | 0.049 | 66.019 | 16 | 0.000 |

[a] 假定的基本过程为独立性（白噪声）。

[b] 基于渐近卡方近似值。

利用统计分析软件进行计算，根据 SBC 准则直接筛选出 BIC 值最小的模型作为最优模型输出。

将 $x(t)$ 作为因变量，以降雨量时序 $r(t)$ 作为自变量，输出最优模型为 ARIMA（0，1，1）时间序列模型，拟合结果见图 8-39。

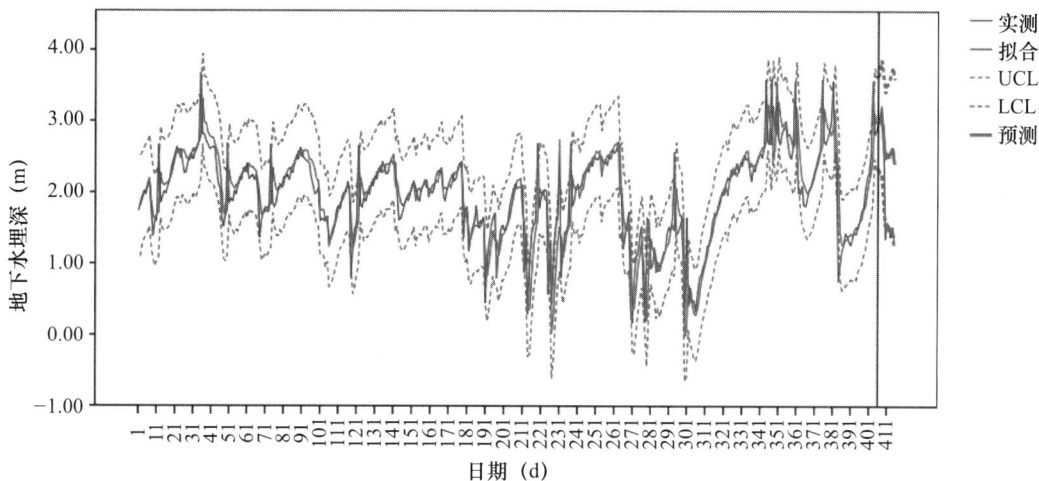

图 8-39 $x(t)$ 时序拟合图

模型相关参数见表 8-9，模型常数项、MA 以及自变量（降雨量）参数显著性水平均非常小（<0.001），参数显著，拟合模型也表明地下水位随降雨量变化显著。

拟合模型参数 表 8-9

| | | | | 估算 | 标准误差 | $t$ | 显著性 |
|---|---|---|---|---|---|---|---|
| 地下水埋深 | 不转换 | 常量 | | 0.072 | 0.010 | 7.126 | 0.000 |
| | | 差异 | | 1 | | | |
| | | MA | 延迟 1 | 0.483 | 0.044 | 11.015 | 0.000 |
| 降雨量 | 不转换 | 分子 | 延迟 0 | −0.018 | 0.001 | −12.505 | 0.000 |

表 8-10 所示为模型的拟合统计量和 Ljung-Box Q 统计量。$R^2 = 0.717$，平稳 $R^2 = 0.390$，Ljung-Box Q（18）统计量显著性 $P = 0.209$，大于 0.05（此处 $P > 0.05$ 是期望得到的结果），所以接受原假设，认为这个序列的残差符合随机分布，同时没有出现离群值，拟合模型有效。

拟合模型统计结果 表 8-10

| 模型 | 预测变量数 | 模型拟合度统计 | | Ljung-Box Q（18） | | | 离群值数 |
|---|---|---|---|---|---|---|---|
| | | $R^2$ | 平稳 $R^2$ | 统计 | DF | 显著性 | |
| 地下水埋深模型 | 1 | 0.717 | 0.390 | 21.387 | 17 | 0.209 | 0 |

为了更加直观观察预测值与实测值，选取 2019 年 1 月 1 日—2019 年 1 月 10 日的降雨量、地下水埋深实测值以及预测值，绘制表 8-11 和图 8-40。

地下水预测值与实测值对比    表 8-11

| 日期 | 降雨量（mm） | 地下水实测值（m） | 地下水预测值（m） | 预测误差（m） |
|---|---|---|---|---|
| 2019/1/1 | 0 | 2.97 | 2.99 | 0.02 |
| 2019/1/2 | 2.5 | 3.07 | 3.01 | −0.06 |
| 2019/1/3 | 0.5 | 3.22 | 3.08 | −0.14 |
| 2019/1/4 | 22.5 | 2.81 | 2.75 | −0.06 |
| 2019/1/5 | 19.5 | 1.35 | 2.48 | 1.13 |
| 2019/1/6 | 0.5 | 1.52 | 2.54 | 1.02 |
| 2019/1/7 | 5.5 | 1.54 | 2.52 | 0.98 |
| 2019/1/8 | 0.5 | 1.37 | 2.58 | 1.21 |
| 2019/1/9 | 1 | 1.51 | 2.63 | 1.12 |
| 2019/1/10 | 17 | 1.32 | 2.41 | 1.09 |

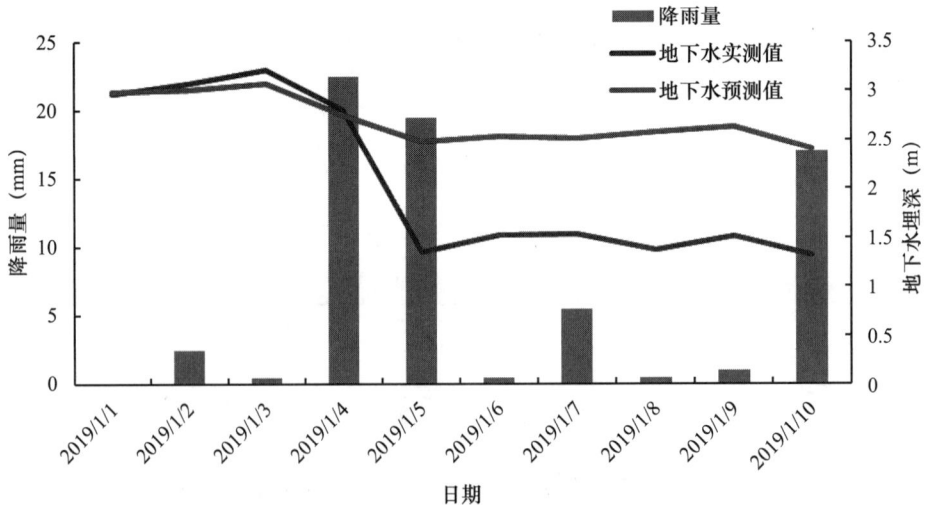

图 8-40　ZK8 地下水埋深预测值与观测值

从表 8-11 和图 8-41 中可以看出：① 以降雨量作为自变量对拟合模型具有非常显著的影响，对降雨量－地下水位的时间序列拟合模型有效。② 预测结果与实测结果短期内非常接近，在未来 4d 内的预测误差不超过 0.15m，甚至仅为数厘米，但随着预测周期的加长，预测误差变大。③ 预测结果和实测结果存在一定误差，但是对地下水位的预测结果变化趋势与实际变化基本一致。

利用相关软件，可以分析地下水位变化下的边坡稳定系数。依据已建立的地下水位－降雨量关系，可由降雨资料进行地下水位不同时间尺度下的长短期综合分析，判断降雨对边坡稳定性可能产生的影响，以发挥模型的预警作用。

### 8.4.2　基于降雨量变化的滑坡变形时间序列分析

为了针对性地对降雨量变化与坡体变形进行时间序列分析，选取降雨因素活跃的时间段，2018 年 6 月 1 日—2018 年 9 月 30 日共 122 组监测数据，构建时间序列模型，并预测未来 10 期（10 月 1 日—10 月 10 日）的滑坡变形数据。

对 GNSS3 监测数据，不考虑降雨量，构建 ARIMA（0，1，1）时间序列模型，记为 $g(t)$。以降雨量作为自变量，重新拟合 GNSS3 序列，构建 ARIMA（0，1，1）时间序列模型，记为 $G(t)$，两种模型参数见表 8-12。

$g(t)$ 与 $G(t)$ 模型参数统计　　　　　　　　　　表 8-12

| | | | | | 估算 | 标准误差 | $t$ | 显著性 |
|---|---|---|---|---|---|---|---|---|
| | | | | 模型参数 | | | | |
| $g(t)$ | GNSS3 | 不转换 | | 常量 | 0.073 | 0.030 | 2.453 | 0.016 |
| | | | | 差异 | 1 | | | |
| | | | MA | 延迟 1 | 0.735 | 0.063 | 11.592 | 0.000 |
| $G(t)$ | GNSS3 | 不转换 | | 常量 | −0.023 | 0.039 | −0.578 | 0.564 |
| | | | | 差异 | 1 | | | |
| | | | MA | 延迟 1 | 0.786 | 0.059 | 13.328 | 0.000 |
| | 降雨量 | 不转换 | 分子 | 延迟 0 | 0.13 | 0.004 | 3.001 | 0.003 |

表 8-13 为模型统计结果对比，可以看出，两种模型的"Ljung-Box Q（18）"统计量水平 P 均大于 0.5，拟合模型显著有效，但无论从 BIC 值，$R^2$ 还是平稳 $R^2$ 来看，$G(t)$ 模型都优于 $g(t)$，说明考虑降雨量作为自变量的滑坡变形时间序列分析更合理。

$g(t)$ 与 $G(t)$ 模型统计结果对比　　　　　　　　表 8-13

| 模型 | 预测变量数 | 正态化 BIC | 模型拟合度统计 | | Ljung-Box Q（18） | | | 离群值数 |
|---|---|---|---|---|---|---|---|---|
| | | | $R^2$ | 平稳 $R^2$ | 统计 | DF | 显著性 | |
| $g(t)$ | 0 | 0.442 | 0.763 | 0.353 | 6.359 | 17 | 0.990 | 0 |
| $G(t)$ | 1 | 0.421 | 0.779 | 0.396 | 5.531 | 17 | 0.996 | 0 |

表 8-14 为两个模型的预测误差对比，从表中可以看出：① $g(t)$ 模型预测未来 10 期的结果误差在 ±2.5mm 以内，随着预测周期变长，$g(t)$ 预测误差逐渐增大。② $G(t)$ 模型预测未来 10 期的结果误差在 ±1mm 以内，而且 10 期的预测误差并没有出现误差增大的趋势，进一步说明 $G(t)$ 模型拟合效果更好，对坡体变形预测更准确，而且预测周期更长。

$g(t)$ 与 $G(t)$ 模型预测误差
表 8-14

| 日期 | 实测值（mm） | $g(t)$ 预测值（mm） | $G(t)$ 预测值（mm） | $g(t)$ 预测误差（mm） | $G(t)$ 预测误差（mm） |
|---|---|---|---|---|---|
| 2018/10/1 | 13.58 | 13.99 | 13.57 | 0.41 | −0.01 |
| 2018/10/2 | 12.75 | 14.06 | 13.55 | 1.31 | 0.80 |
| 2018/10/3 | 13.03 | 14.14 | 13.53 | 1.11 | 0.50 |
| 2018/10/4 | 13.68 | 14.21 | 13.51 | 0.53 | −0.17 |
| 2018/10/5 | 13.14 | 14.28 | 13.48 | 1.14 | 0.34 |
| 2018/10/6 | 13.12 | 14.36 | 13.46 | 1.24 | 0.34 |
| 2018/10/7 | 12.98 | 14.43 | 13.44 | 1.45 | 0.46 |
| 2018/10/8 | 13.61 | 14.50 | 13.42 | 0.89 | −0.19 |
| 2018/10/9 | 12.49 | 14.57 | 13.39 | 2.08 | 0.90 |
| 2018/10/10 | 13.18 | 14.65 | 13.54 | 1.47 | 0.36 |

两个模型对未来 10 期的预测结果对比见图 8-41。

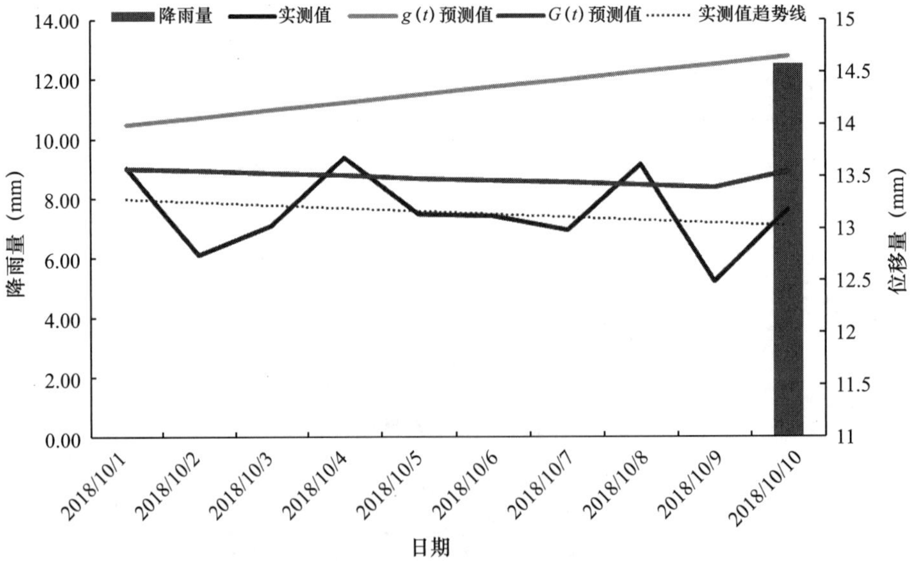

图 8-41　$g(t)$ 与 $G(t)$ 模型预测结果对比

从图 8-42 中可以看出：① $g(t)$ 模型预测值与实测值之间的差距随着预测周期变长而增大，相比而言，$G(t)$ 模型没有明显的差距。② $G(t)$ 模型预测结果的变化趋势与实测结果的变化趋势基本保持一致，以降雨量变化作为自变量构建的坡体变形时间序列模型拟合效果好，预测结果更为准确，可利用降雨量监测信息预测滑坡表面位移变化。

# 参考文献

［1］黄昌乾，丁恩保. 边坡工程常用稳定性分析方法［J］. 水电站设计，1993（1）：53-58.

［2］杨志法，尚彦军，刘英. 关于岩土工程类比法的研究［J］. 工程地质学报，1997，5（4）：299-305.

［3］汪益敏，陈辉. 路基边坡问题研究现状［J］. 公路工程，2004，29（2）：51-53.

［4］夏元友，李梅，谢全敏. 基于实例类比推理的边坡稳定性评价方法［J］. 岩土力学，2003，（S2）：300-303.

［5］陈祖煜. 岩质边坡稳定分析：原理·方法·程序［M］. 北京：中国水利水电出版社，2005.

［6］张宜虎，尹红梅，简文星. 剩余推力法及其在斜坡稳定性评价中的应用［J］. 岩土力学，2004，25（4）：628-631.

［7］徐青，陈士军，陈胜宏. 滑坡稳定分析剩余推力法的改进研究［J］. 岩土力学，2005，26（3）：465-470.

［8］陈祖煜，汪小刚，邢义川，等. 边坡稳定分析最大原理的理论分析和试验验证［J］. 岩土工程学报，2005，27（5）：495-499.

［9］李迪，马水山，张保军，等. 工程岩体变形与安全监测［M］. 武汉：长江出版社，2006.

［10］钱树根，鲍其云. 浙江省的地质灾害现状及防治对策［J］. 浙江国土资源，1998（1）：90-96.

［11］王深法，王援高，胡珍珍. 浙江山地滑坡现状及其成因［J］. 山地学报，2000，18（4）：373-376.

［12］唐增才，袁强. 浙江地质灾害发育类型和分布特征［J］. 灾害学，2007（1）：94-97.

［13］唐小明，游省易，尚岳全. 浙江省玄武岩台地地貌及地质灾害［J］. 浙江大学学报（理学版），2009，36（2）：231-236.

［14］麻土华，孙乐玲，李炜，等. 浙江滑坡类型、成因和环境控制因素与影响因素［J］. 中国地质灾害与防治学报，2010，21（3）：17-23＋42.

［15］侯利国，何文选. 上三高速公路地质灾害及治理综述［J］. 公路运输文摘，2002（6）：21-36.

［16］俞伯汀，孙红月，尚岳全，等. 浙江下山滑坡特征及稳定性分析［J］. 岩石力学与工程学报，2006（S1）：2875-2881.

［17］杨成，蒋建良，朱智勇，等. 基于时间序列的滑坡地下水位预测分析［J］. 勘察科学技术，2020（4）：5.

［18］魏丽，单九生，边小庚. 降水与滑坡稳定性临界值试验研究［J］. 气象与减灾研究，2006

（2）：18-24.

[19] 常金源. 降雨条件下浅层滑坡稳定性探讨 [J]. 岩土力学，2015，36（4）：995-1001.

[20] 罗文强，黄润秋，张倬元. 斜坡稳定性概率分析的理论与应用 [M]. 武汉：中国地质大学出版社，2003.

[21] 晏同珍，杨顺安，方云. 滑坡学 [M]. 武汉：中国地质大学出版社，2000.

[22] 成永刚. 公路工程斜坡病害防治理论与实践 [M]. 北京：人民交通出版社股份有限公司，2020.

[23] 王羽，柴贺军，阎宗岭，等，熊卫士. h 型组合式抗滑支挡结构机理研究与应用 [M]. 北京：人民交通出版社股份有限公司，2018.

[24] 李洪安，周德培，冯君，等. 顺层岩质边坡稳定性分析与支挡防护设计 [M]. 北京：人民交通出版社，2011.

[25] 姚文杰，王华俊，卿翠贵，等. 西堠门大桥桥梁基础海岸边坡稳定性检测评价研究 [J]. 路基工程，2021（2）：205-210.

[26] 姚文杰，王华俊，马玉全. 多波束测深系统在跨海大桥桥梁基础水下岸坡稳定性检测中的应用 [J]. 土工基础，2020，34（6）：750-752.

[27] 徐洪科，王华俊，闻人霞. 西堠门大桥锚室渗水病害机理及处治技术研究 [J]. 工程勘察，2017，45（10）：5. DOI: CNKI: SUN: GCKC. 0. 2017-10-006.

[28] 姚文杰，王华俊，卿翠贵，等. 浙南某海域岛礁高陡岩质边坡复绿治理实践 [J]. 有色金属（矿山部分），2025（1）.

[29] 卿翠贵，王华俊，姚文杰，等. 锚喷边坡坡面植被恢复生境构建技术 [J]. 中国水土保持，2020（2）：34-36.

[30] 王华俊，卿翠贵，邓检良，等. 高速公路边坡既有硬质坡面的绿化技术研究 [J]. 公路，2019，64（6）：256-259.

[31] 蒋建良，王华俊，卿翠贵，等. 采用土工格室的公路岩质陡坡绿化研究 [J]. 公路，2019，64（4）：305-308.

[32] 王华俊，邓检良，罗先启，等. 基于多旋翼无人机低空摄影的公路边坡测绘研究 [J]. 工程勘察，2017，45（12）：45-49.

[33] 李浩，曹运江，王华俊，等. 地下磁流体探测原理研究 [J]. 建筑技术开发，2017，44（5）：1-2.

[34] 杨成，张立勇，罗永江，等. 一种城市松散地层用冷冻取样装置 [P]. 中国：202011078558.3，2020-10-10.

[35] 蒋建良，王劲松，潘永坚，等. 一种泡沫钻进用旋内喷式机械消泡装置及其消泡方法 [P]. 中国：201610777543.3，2018-11-02.

[36] 王华俊，姚文杰，卿翠贵，等. 一种海域岛礁边坡喷灌系统的设计方法以及该喷灌系统 [P]. 中国：202310171317.0，2023-05-16.

［37］王华俊，姚文杰，卿翠贵，等. 一种海域岛礁边坡喷灌系统［P］. 中国：202320283946.8，
2023-06-20.

［38］王华俊，蒋建良，潘永坚，等. 一种硬质刚性支护边坡生境构建结构［P］. 中国：
201821303962.4，2019-04-26.

［39］王华俊，闻人霞，董理金，等. 一种边坡坡体自动化降水装置［P］. 中国：201720910359.1，
2018-03-09.

［40］王华俊，徐洪科，欧阳涛坚，等. 边坡排水结构［P］. 中国：201620788736.4，2017-02-22.

［41］杜常春，周涛，罗细华，等. 一种用于滑坡勘察的取芯工艺［P］. 中国：202310733779.7，
2024-05-31.

［42］潘永坚，王华俊，刘干斌，等. 一种硬质刚性支护结构坡面生境构建的评价方法及系统［P］.
中国：202011341294.6，2021-02-26.